キヤノン財団 ライブラリー

野生動物は何を見ているのか

バイオロギング奮闘記

佐藤克文・青木かがり
中村乙水・渡辺伸一
共著

丸善プラネット

刊行によせて

キヤノン財団は、人類社会の持続的な繁栄と、人類の幸福に貢献する事を目的に２００８年12月に設立されました。その目的の達成に大きく寄与出来るのは、科学技術であり、その継続的革新が求められています。キヤノン財団では、科学技術が発展し、それが人びとの幸福に役立つ事を目指して科学研究助成事業を行っております。

キヤノン財団では、二つの科学研究助成プログラムを設定しています。

一つ目は「産業基盤の創生」と名付けた領域です。世界の経済は多くの技術革新により大きな発展を遂げてまいりましたが、今後とも人々の暮らしを支え、人間社会が将来も発展していく為の基盤は、やはり産業の発展に違いありません。情報・通信、エレクトロニクス、機械・精密、オプティクス・フォトニクス、応用化学、応用物理、ナノテクノロジー・材料、また医工連携などの融合テーマや新興テーマといった産業の発展に貢献する基礎的、先駆的、独創的研究を支援すると共に、地域の産業を支える研究が活発化される様、助成金が幅広く行き渡るような工夫を凝らしております。

二つ目は「理想の追求」と名付けました。人類が真に幸福な生活を永遠に営む為に、人類の英知の向上を目指した研究に助成しています。『Frontier, Welfare, Sustainability』の三つの視点の中から毎年課題を財団が設定し、科学技術のみならず、その研究成果が社会で有効利用されるシステム等の研究を含めた、総合的プロジェクトを支援しております。２００９年から２０１３年までは、「海に関する研究」を研究課題としました。２０１４年からは、「食に関する研究」を研究課題としております。

「キヤノン財団ライブラリー」は、当財団が助成した研究を通じて、科学技術の面白さを広く一般の方々に知っていただくために刊行されました。執筆は実際に研究に携わった研究者自身によるものです。皆様に、自然の尊さ、研究者の熱意・苦労・喜び、研究成果がどのように社会にインパクトを与えているのかなどをお伝えできれば幸いです。

２０１５年11月

一般財団法人キヤノン財団
理事長　生　駒　俊　明

まえがき

バイオロギングとは，小型の記録計を動物に取り付けて，観察が難しい動物の行動や生態を調べるやり方のこと。新しい装置ができる度に，次々と新しい成果が上がっている。本書は，2010年度から2012年度にかけて，キヤノン財団からの研究助成「理想の追求」を受けて行われた野外調査，および助成期間中に開発された装置を使って，その後も続けてきた調査研究の成果をとりまとめたものである。

助成期間の初年度末にあたる2011年3月11日に起きた東北地方太平洋沖地震とそれに伴う津波により，三陸地方の人々の暮らしは甚大なる影響を被った。当時，私は岩手県大槌町にある東京大学大気海洋研究所国際沿岸海洋研究センターに所属し，三陸沿岸海域に生息するウミガメ，海鳥（オオミズナギドリ），大型魚類（マンボウ）を対象とする研究を大学院生たちとともに進めていた。研究室に所属するメンバーには，本書の3章を執筆した中村乙水や5章を執筆した青木かがりがいた。私と中村は，国際バイオロギングシンポジウムに出席するため，津波の前日にオーストラリアに旅立っていたため無事であった。青木かがりは津波が襲来した時大槌町にいたが，他の教職員や学生とともに難を逃れた。その後彼女は，公共交通機関や通信が全面的に遮断された大槌町からヒッチハイクで盛岡まで移動し，東京の大学本部に教職員と学生全員が無事であるという第一報を入れる重要な役割を果たした。ところが、避難できた人員リストを電話で読み上げた際、自分自身の名前を伝え忘れるという失態を犯し、オーストラリアで無事を祈る我々を絶望のどん底に突き落としたが、後に無事を知ってからは笑い話となった。

何はともあれ、我々は津波を逃れ、そして、その後も猛烈に研究を進めた。津波による状況変化のために２０１１年に三陸沿岸で調査ができなかった者は、国内外のありとあらゆる場所へ飛び、研究を続けた。その際、対象動物や場所を限定しないキヤノン財団からの助成金はまことにありがたい理想的な研究資金であった。

助成金には「理想の追求」と銘打たれており、人間社会の理想を追求するための自由なアイデアを実現して欲しいと記されていた。東日本大震災に因る状況変化に翻弄される中で、嫌でも理想的な社会について考えさせられた。その内容については、本書の最終章に現在構想中の夢物語としてぶち上げた。嬉しいことにこの夢を共有してともに進めてくれる同志も何人かいる。もちろん「バカなこと言いなさんな」とたしなめる向きもある。私としては悔しい反面、ちょうどいい具合の反応だと思っている。構想の段階で万人が認めてくれるような計画ではやりがいがない。真に独創的なアイデアというのは、初めは理解者は少ないものである。この、すぐには認めてもらえそうにない途方もないアイデアは、これから10年近くを費やして進めるのに相応しいものであるように思えてならない。

最近あった一番嬉しい出来事なのだが、２０１６年度から使われる中学校2年生用の教科書に

「バイオロギング」という言葉が登場することになった。前著『ペンギンもクジラも秒速2メートルで泳ぐ』（光文社新書）の中で、バイオロギングで大発見して、その研究成果を中学校や高校の理科の教科書に載せることが生涯の夢であると記した。その夢が叶ったと言いたいところだが、実は掲載されるのは国語の教科書だ（光村図書）。人生なかなか思い描いた通りには進まないが、考えようによってはより基礎的な科目に私の文章が掲載されることで、文系理系を問わず広く中学生にバイオロギングが知れ渡ることになる。

その教科書を使って勉強するのは、現在13歳以下の子どもたち。10年後には彼らが大学院に入学してくる。その頃、バイオロギングはどこまで発展しているだろう。本の最後に掲げた夢は実現しているだろうか。

２０１５年９月

佐藤克文

謝辞

まずは我々の調査研究および本書の出版に際して助成をしてくださったキヤノン財団、およびともに調査を進めてくれた共同研究者のみなさまに心から御礼申し上げます。

リトルレオナルド社の鈴木道彦さんをはじめとするスタッフのみなさまには、いつも無理難題を聞いてもらっています。ＪＡＸＡの成岡優さんには、超小型のフライトレコーダーを作っていただきました。本の最後に記した夢が叶うか否かはこの装置にかかっています。産業技術総合研究所の坂本太地さんには、ビデオカメラ用の大容量リチウムイオン電池を作っていただきました。今後、録画時間をどこまで延ばせるかは、電池にかかっています。みなさま、引き続きよろしくお願いいたします。

２章に記したウミガメ調査にご協力いただいている三陸沿岸の定置網漁業に関わるすべてのみなさま。ウミガメ調査を三陸に立ち上げ、本書用に図を描いてくださった楢崎友子様。

３章のマンボウ調査に全面的なご協力をいただいた船越湾漁業協同組合定置網大謀の佐々木英雄様と乗組員のみなさま、大槌漁業協同組合定置網大謀の小石道夫様と乗組員のみなさま。

４章のオオミズナギドリ調査で、調査地の無人島に渡るのに船を出してくださった阿部辰男様、田代次雄様、三浦憲男様。精力的な調査の結果を数多くの論文にまとめ、本書のために作図をしてくださった山本誉士様。

5章のマッコウクジラ調査で船を出してくださった横山祥士朗様、日本一のタガー中村澄子様、調査にご尽力いただいたすべてのみなさま。本書のために動画を提供してくださった窪寺恒己様。笑顔で野外調査に送り出してくださる鈴木龍生様。

6章のアフリカのチーター調査に快く送り出してくださった福山大学のみなさま。歯に衣着せぬ厳しいコメントで、原稿を手直ししてくださった渡辺敬子様。

キヤノン財団からの助成金が終了した後は、日本学術振興会からの科学研究費補助金、東京大学バイオロギングプロジェクト、および東北マリンサイエンス拠点形成事業からの研究費によって野外調査は進められてきました。ここに厚く御礼申し上げます。

我々の主な調査フィールドがある岩手県大槌町には、東京大学大気海洋研究所国際沿岸海洋研究センターがあります。大学院生や博士研究員が長期にわたる調査を進めるにあたって、各種便宜を図っていただきました。今大槌町内は道路の整備や地面のかさ上げなどの工事が盛んに行われており、今年度末には新しい研究棟の建築が始まります。数年後にリニューアルオープンするまで、そしてその後も、この東北の地から世界に向けて次々と情報発信していく所存です。

2015年9月

著者一同

執筆者一覧

佐藤　克文（さとう・かつふみ）（まえがき、1章、2章、4章、7章）
東京大学大気海洋研究所・教授。１９６７年宮城県生まれ。１９９５年京都大学大学院農学研究科修了（農学博士）。日本学術振興会特別研究員、国立極地研究所助手、東京大学大気海洋研究所准教授を経て、２０１４年より現職。専門は動物行動学、動物生理生態学など。著書に『ペンギンもクジラも秒速2メートルで泳ぐ――ハイテク海洋動物学への招待』（光文社新書）《２００８年講談社科学出版賞》、『巨大翼竜は飛べたのか――スケールと行動の動物学』（平凡社新書）、『サボり上手な動物たち』（岩波科学ライブラリー）など。

福岡　拓也（ふくおか・たくや）（2章コラム）
東京大学大学院農学生命科学研究科・博士課程学生。１９８９年大阪府生まれ。２０１２年東海大学海洋学部卒業。２０１２年より現在の研究室に所属。研究テーマはウミガメの採餌生態。

中村　乙水（なかむら・いつみ）（3章）
東京大学大気海洋研究所・特任研究員。１９８６年愛知県生まれ。２０１４年東京大学大学院農学生命科学研究科修了（農学博士）。マンボウの採餌生態に関する研究で学位を取得後、サメやカジキなど外洋に棲む大型魚類の採餌生態に関する研究にも手を広げている。

坂尾　美帆（さかお・みほ）（4章コラム）

東京大学大学院新領域創成科学研究科・修士課程学生。1991年東京都生まれ。2014年東京大学教養学部卒業。2014年より現在の研究室に所属。研究テーマはオオミズナギドリの繁殖生態。

青木かがり（あおき・かがり）（5章）

東京大学大気海洋研究所・農学特定共同研究員。1979年北海道生まれ。2008年東京大学大学院農学生命科学研究科修了（農学博士）。東京大学大気海洋研究所特任研究員、日本学術振興会海外特別研究員を経て、2015年より再び東京大学大気海洋研究所に所属。研究テーマは海生哺乳類の採餌行動、バイオメカニクス、社会行動など。著書に『続イルカ・クジラ学』（東海大学出版部）。

渡辺　伸一（わたなべ・しんいち）（6章、あとがき）

福山大学生命工学部・准教授。1975年神奈川県生まれ。2004年琉球大学大学院理工学研究科修了（理学博士）。琉球大学21世紀COEプロジェクト研究員、情報・システム研究機構プロジェクト研究員、東京大学海洋研究所特任研究員を経て、2008年より現職。専門は動物生態学。2006年度日本哺乳類学会研究奨励賞受賞、2010年度日本哺乳類学会論文賞受賞。著書に『美ら島の自然史　サンゴ礁島嶼系の生物多様性』（東海大学出版会）、『動物たちの不思議に迫る——バイオロギング』（京都通信社）など。

（所属は2015年9月現在）

目　次

動画について

本書籍に含まれる図のうち、動画ありと記されたものはウェブサイトから関連動画をご覧いただけます。２０１５年11月現在、YouTube にてチャンネル名「野生動物は何を見ているのか」で検索してみてください。

あるいは、図の名前、例えば「図２－９」もしくは図のタイトル「クダクラゲ類を食べるアカウミガメ」で検索することでもご覧いただけます。

これは本書籍の理解を深めていただくために提供されているものであり、書籍の代金には含まれておりません。次の注意事項をご確認の上、ご視聴ください。

【注意事項】

動画が納められているサイトは、それぞれの法人・個人の責任において管理・運営されており、それらはキヤノン財団、出版社、著者の管理下にありません。

キヤノン財団、出版社、著者は、読者の皆様がこれらのサイトをご利用になったことにより生じたいかなる損害についても責任を負いません。またサイトに掲載される企業広告やサービス等は本書籍と一切関係はございません。これらのサイトは、それぞれが掲げる条件に従い、読者の皆様ご自身の責任においてご利用ください。また、動画が納められているサイトは予告なく変更される場合がございます。

1章

動物目線の理由

（佐藤克文）

2

見ていれば分かる

動物を観察していると、多くのことが分かる。犬派の私は、犬の気持ちが7割くらい分かる気がする。毎晩自宅に帰るたびに、ちぎれんばかりに尾を振って出迎えてくれる時の気持ちはもちろんのこと、2週間に1度のペースでやってくる、ちょっと苦手なシャンプーの時、とぼとぼと風呂場に向かう時の心境なども代弁してやりたくなるくらいよく分かる。犬の方も私のことをよく分かっているようで、散歩に出かける時やおやつがもらえそうな時など、こちらが声を発する前から嬉しそうにそわそわとし始める。

人と犬では言語を介した意思の疎通はできないが、お互いの行動を観察することでかなりのことまで分かる。それと同様に、猫派の人は猫の気持ちが分かるというし、ウサギを飼う人はウサギが喜んだりすねたりするのが分かるという（ホンマかいな？）。チンパンジーの研究者は、「彼らは猿じゃない。チンパン人だ」と言っていたし、カラスの研究者が記した本にはカラスの喜怒哀楽が分かると書いてあった。水槽で飼育されているフジツボに餌を与えると蔓脚を出して盛んにそれを摂取する。その様子を観察しながら「嬉しそう」と目を細めるフジツボ研究者もいる。世の中には様々な動物が存在し、それを専門に研究している人々がいる。それぞれの動物を見続けていると相当なことまで分かるようになるらしい。

一方で、我々人間が暮らす街から遠く隔たった自然環境に生息する野生動物、たとえば海の動物たちの場合、残念ながら日々の様子をじっくり観察することは難しかったり、不可能だったりする。そんな理由から、誰でも知っている動物なのに、海の中の暮らしぶりがちっとも分かっていなかったり、噂に基づく誤解が常識になっているということがよくある。

そんな観察が難しい野生動物の生態を調べる時に、バイオロギング Bio-Logging というやり方が大いに役立っている。動物の体に小さな記録計を取り付けて、観察が難しい動物の行動やそれを取り巻く環境を測定するというやり方は、生物が（Bio）記録する（Logging）ことから、バイオロギングとよばれている。ここからはちょっとした自慢だが、バイオロギングは、欧米で流行ったものが輸入されたのではない。機械を動物に付けるやり方が同時多発的に生まれ、国際学会に行くと、扱っている対象動物は違っていても、似たようなやり方で研究している人がいることに皆が何となく気がつき始めたいまから15年ほど前に、「同じ手法で研究している者同士、一度集まって話し合おうではないか」と日本人が言い出した。そして、２００３年に第一回国際バイオロギングシンポジウムが東京の国立極地研究所で開催された。その時、「この手法に相応しい名称がないだろうか」と主催者たちが相談して決めたのがこのバイオロギングという造語なのだ。１００名を超える参加者たちもそうよぶことに賛同してくれて、それ以降２～３年おきに国際バイオロギングシンポジウムが規模を拡大しつつ世界各国で開催されている。つまり日本発祥の造語が世界に広がっていったのである。

本書では、ポカンと海に浮かんでいるマンボウや、涙を流して産卵するウミガメ、あるいはサバンナを疾走するチーターなど、強烈なイメージとともに誰でもその姿形を知っている動物たちの真の姿を紹介する。バイオロギングを使って調べてみたら、いままでのイメージが覆されるようなことが色々分かってしまったのだ。

ハイテクはすべてを可能にしてくれない

バイオロギングを使う研究者は増えてきたとはいえ、その名称が広く世間に知れわたっているわけではない。専門家以外の人々や分野の異なる研究者は研究成果を面白がって聞いてくれることが多いが、動物の生態を調べている同業者からの評判はなぜだかいまひとつよろしくない。「こんなに有効な手法なのに、なぜ皆使わないのだろう」。不思議に感じて色々探りを入れているのだが、バイオロギングが気に入らない理由の一つにハイテクに頼りすぎているという印象があるようだ。

「いったい、何を明らかにしたいのだ?」「機械ばかりに頼っていないで、まずは現場でじっくりと観察しろ」などと言われたこともある。彼らからすると、バイオロギングの研究者たちは、ちょこちょこっと現場に出かけて動物にハイテク装置を付けてきて、あとはクーラーの効いた都会の研究室でPCの画面をにらんで、インターネット経由で送られているデータをいじって、「こんなん出ました」的な発表をしているイメージがあるようだ。

しかし、これは大いなる誤解というものだ。私たちだって、観察したいのはやまやまなのだが、それができないから苦労している。用いる装置は年々小型化し高性能になっているのは事実だが、ハイテク装置だけですべてが明らかになるわけではない。勝手気ままに動き回る野生動物を一度生け捕りするだけでも大変なのに、負担ができるだけ少なくなるようにあれこれ工夫を凝らして装置を取り付けて一度海に放す。その後、再び同じ動物を捕まえる、あるいは広い海のどこかに浮かんだちっぽけな装置を回収しないとデータは得られない。人工衛星を経由してデータだけ送ってくるシステムもあるが、送信できる情報量には限りがある。特に画像のような高密度データの場合、やはり一度記録し、その装置を回収するというやり方しかいまのところ使えない。装置を取り付けた動物が目の前からいなくなってしまうと、何とも言えない不安な気持ちに襲われる。この広い大海原から、またあのちっぽけな装置を見つけ出し再び手にすることなどできるのだろうか？

不思議なことにそれができる。情熱を心に秘めた若者によるなりふり構わぬ努力がそれを可能にする。三歩進んで二歩下がるようなその進展ぶりは、効率が悪いこと極まりない。しかし、そんな調査に心血を注ぐ人々によって、少しずつ研究は進められてきた。

6

論理を超えるもの：難しい指導

曲がりなりにも教員として大学に籍を置く身として、時として大学院生に対して研究指導する必要に迫られる。年度初めには研究室に在籍する者を1人ずつ呼び出し、その年の調査研究計画を尋ねたりしている。未熟な学生たちの計画には、首をかしげざるを得ない要素が多々含まれる。そんな時は、当然のことながら、「いったい、何を明らかにしたいのか？」と尋ねざるを得ない。研究の目的らしきことを答える学生に、「それを明らかにしたいなら、やるべきことは別にあるのではないか」などと、あれこれアドバイスすることになる。この業界に身を置き20年以上も経てば、それなりに経験や知識も溜まっている。たいていの場合は、学生たちは私に言い負かされ、不服そうな表情を浮かべたとしても、なかなか論理的に反論するのは難しい。

そんな時、私として困るのは次のような反撃だ。

「ならばお尋ねしますが、先生は、どんな仮説を検証したくて研究しているのですか？」

「今度○○に装置を付けるため、××へ行くそうですが、何を明らかにしたいのですか？」

何を隠そう、私自身の過去を振り返るに、論理的に研究を進めてきたとは言い難い。新しい装置ができた時にまず考えるのは、「これはどの動物に付けられるだろうか」ということだ。新しいパラメータを測定できる装置ができるたびに、「とにかく何でもよいから動物に付けてみよう」

などと考えながら研究を進めてきたことを白状せざるを得ない。そんなやり方を肯定するような理論武装はいまのところできていない。

ここで唐突だが、一見何の関係もなさそうな思い出話を少しだけ書いてみる。

王貞治と長嶋茂雄の全盛期、昭和40年代初頭生まれの私は、当時の典型的な少年の常として野球少年であった。多分小学３年か４年の頃なのだが、川上哲治の少年野球教室に参加したことがある。川上哲治というのは当時既に引退していたが、読売ジャイアンツの監督として９年連続リーグ優勝を達成した伝説の人物だ。そんな神様に野球を教えてもらえる喜びに震えつつ、一言も聞き漏らすまいと川上氏の動きや表情、話す言葉に全神経を集中させた。

川上氏は開口一番「基礎が大切です」といって少年たちにキャッチボールをやらせた。しばらくしてから集合がかかった。「君たちは基本がなってない」というと、一人の少年とキャッチボールを始めた。「ボールを捕る時はグローブだけじゃなく、もう片方の手も添えて両手で捕りなさい」といいながら少年に向かってボールを投げる。キャッチボールの相手に選ばれた少年はもちろん真剣な眼差しで胸の正面でボールを両手で大切そうに受け取り投げ返す。と、川上氏を見ると右手にはめたファーストミットでボールを無造作に片手捕りして、少年にひょいと投げ返す。少年は自分が両手で捕ることに必死で、おそらく川上氏が片手で捕っていることに気づいていない。

しかし、私を含む多くの少年たちはもちろん気がついていた。おそらく皆が同じ目をして見つめていたのだろう。川上氏はその時になって初めて、少年には両手で捕るよう指示しておきながら、自分が片手でボールを捕っていることに気がついた。しかし、まったく悪びれることなくこう言い放った。

「私はいいのプロだから。君たちは小学生なのだから基本を大切に」

その言葉を聞いた時、少年たちは直立不動の姿勢で「ハイ」と返事をしたが、皆頭の中では「えぇーっ」と叫んでいたはずだ。

この話には続きがある。翌年にやはりジャイアンツOBの藤田元司の少年野球教室に参加した。藤田氏もまた、川上のV9には及ばないものの、何度もリーグ優勝を果たした名将である。藤田氏も少年たちにキャッチボールをさせた。ところが、普通にキャッチボールをするのではなく「1分間で何回往復できるか競争してみよう」といって子どもたちをけしかけた。我々は必死になってボールを捕って、急いで相手に投げ返すことを繰り返した。しばらくしてから集合がかかった。

2人の少年を選び、「できるだけ素早く往復させてごらん」といって1分間キャッチボールをさせてから、一方の少年に尋ねた。「君は相手のどこに向かってボールを投げた?」。少年は「相手の胸の真ん中に向かって投げました」と答えた。まあ、当たり前の答えだ。ところが、藤田氏は「相手の子は右利きだから右手でボールを投げる。ということは、胸の真ん中ではなく、相手の右肩あたりを目指して投げた方が相手は投げやすいんじゃないか?」と問いかけた。そして、再び少年2人にキャッチボールをさせると、ボールを往復させる回数が2割くらい増えた。さらに藤田氏は「ボールを捕る場合、自分の右肩付近にきたボールを両手で受ければ、受ける動作の延長としてボールを右手に持ち替えて滑らかに投げる動作に移ることができる」と解説してみせた。

その理路整然とした分かりやすい指導に「なんて頭のいい大人なんだろう」と感激したのを覚えている。それと同時に、前年の川上氏のことも思い出していた。なぜだか川上氏に対する悪い感情はまったく湧かなかった。「このすごい藤田さんでも成し遂げられなかった偉業を成し遂げるためには、自分のような小学生でも理解できるような分かりやすい理屈じゃなくて、それを超越した何かが必要なのだ」なんてことを漠然と考えていた。

閑話休題

私の身近なところでは、国立極地研究所で助手を務めていた頃の上司、内藤靖彦教授もなかなかの人物である。第一回国際バイオロギングシンポジウムを開催する時、実は私は「時期尚早です」といって反対した。ほかにいくつも緊急にやらねばならない案件を挙げて、論理的抵抗を試みた。しかし、それらの理屈は軽くスルーされて、シンポは開催された。我々若手はその準備に忙殺された。しかし、そのおかげでいま私は著書や講演で「バイオロギングという言葉は日本発祥です」と自慢できている。日本がfirstという記録は幸いにも永遠に書き換えられることはない。しかし、bestやmost、つまり一番すごい研究成果や最も多くの研究成果を日本が出していけるかどうかは我々以下の世代の活躍にかかっている。

そのためには、論理を超えた何かが必要になってくるに違いない。私も開き直ることにした。もし学生に尋ねられたらこう答えることにしよう。

「仮説なんか無い。私はいいのプロだから。」

これまでバイオロギングによって達成された発見は、狙っていた仮説が検証されたというよりも、皆が「きっとこうなっているはず」とか思い込んでいた常識をひっくり返してしまうような、まるでちゃぶ台返しするかのごとき、想定外のものが多い。特に動物にカメラを付けた場合、動物が目の当たりにしてきた風景を何でもかんでも、取捨選択せずに撮ってくるため、「ええっ、そうだったの」といった驚きの映像が含まれている確率が高い。

調べている人間も面白い

本書では様々な動物を対象に進められてきた研究で分かった発見をいくつか紹介する。いずれも、個性的な研究者たちによってなされた発見だ。普通、この手の科学書では、著者の個人的感想や人格はひた隠し、得られた知見のみを分かりやすく客観的に語るのが普通だ。しかし、本書では私からほかの著者たちに、「ぜひ自分を出して語って欲しい」とお願いした。

3章でマンボウについて語ってくれるのは中村乙水さん。大学院の修士課程に2009年に入学してきた。当時、東北の定置網にかかるウミガメを使った調査が軌道に乗っていた（2章参照）。私自身も定置網漁船に時々乗せてもらったが、巨大なマンボウがかかるのをしばしば目撃した。各種記録計を付けるのに大きさは十分だったが、マンボウは鰓呼吸する魚であるため、生かしたまま港に持ってくるのが難しい。もしバイオロギングで調べるとすれば、船上で装置を付けてすぐに放流するしかない。しかし、マンボウは毎日獲れるわけではない。また、忙しく船上を動き回っている漁師さんが、果たして作業を中断してマンボウの放流に協力してくれるだろうか。懸念材料は山のようにあったが、「もし毎日漁に参加するのを厭わない学生がいたら、マンボウを対象としたバイオロギングをやらせよう」そう思った私は数年間待った。

中村乙水は少々理屈っぽいが打たれ強そうに見えた。入学当初から博士課程まで進学して学位を取ると公言していたので、辛いことにもきっと耐えるだろう。船上で気が利く動きができるかどうかは未知数であったが、とりあえず勧誘してみた。

「北杜夫のどくとるマンボウシリーズの本は読んだことある？」。「ハイあります」と中村。「もしマンボウで学位を取ったらこれが本当の〝どくとるマンボウ〟。北杜夫と対談できるぞ」、という何の根拠も無い怪しい提案に、中村は「やります」と即答した。その後、深く考えさせると不安材料ばかりが出てきそうだったので、入学後間もない6月から早速船に乗ってもらった。毎日夜中の1時に起きて漁に参加し、その後研究室に出てくるという生活が続いた。研究の意義とか目的なんか考える余裕は無かったはずだ。

船の上でどんなことがあったのかは具体的には知らない。きっと本人が3章で記してくれることだろう。夏の調査が終わって、定置網を束ねる頭領のところに御礼に行くと、「中村君なら、いつでも乗組員として引き取るよ」とのことであった。どうやら気働きができるタイプだったようだ、と私は胸をなで下ろした。

毎年夏の数ヶ月間を定置網漁船の乗組員として過ごした中村乙水は、5年後の2014年にマンボウの採餌生態と体温生理に関する素晴らしい研究成果をあげて学位を取得した。本章前半で、バイオロギングには仮説検証型の研究成果が少ないと書いたが、彼の論文は理論と実測を融合させた美しい内容で、国内外で高く評価されている。3章で本人に大いに語ってもらうことにしよう。

5章を記してくれた青木かがりさんに最初に出会った時、彼女は学部の4年生であった。大型クジラの研究をやりたいので、それがかないそうな研究室がある大学院を受験したいなどと夢物語を語る少女であった。当時私は国立極地研究所の助手として、南極に生息するペンギンやアザラシといった動物を対象にバイオロギング研究を進めていた。実は、日本近海に生息している鯨類よりも、はるか彼方の南極に生息するペンギンやアザラシの方がはるかにバイオロギング研究はやりやすい。というのも、ホッキョクグマやホッキョクギツネがいる北極と違い、南極には大型の陸生捕食動物がいないため、ペンギンやアザラシは氷上にいる間の警戒心が極めて低い。というより、氷に上がっている間に自分が捕まえられるなどということをそもそも想定していない。したがって、簡単に捕まり、装置を付けて放した後、また簡単に捕まってくれる。南極まで行くのは大変だが、一旦現地に入ってしまえばやりたい放題なのだ。

青木さんは、国立極地研究所で大型の海洋動物を相手にバイオロギングしている私のところへ、どうやったら大型鯨類を対象とした研究ができるでしょうかと尋ねに来たのであった。よりによって、一番楽にバイオロギングしている人のところに相談に来てしまったのだ。夢見る少女にとって最悪の選択であった。

バイオロギングで鯨類の行動学をやらせてくれる研究室はどこかに無いでしょうかという彼女に対し、「そんな研究室は無い」と私は断言した。さらに、鯨類がなぜ難しいのかもこんこんと諭した。「日本には捕鯨の歴史があるので、鯨類を漁獲するノウハウはあるが、大型の鯨類を生け捕りにする方法が無い」、「仮に生け捕りできたとしてあのツルツルの皮膚にどうやって装置を取り付けるのだ」などなど、数々の根拠とともに、大型鯨類を対象としたバイオロギングがなぜ不可能であるのかを論理的に説明した。しかし、彼女はそんな私のアドバイスを聞き流し、最大のハクジラ類であるマッコウクジラ研究に邁進した。

一見素直で従順そうに見えながら、実は思い込んだらてこでも動かないタイプの青木かがりは、数々の困難を乗り越え、最終的に学位を取得して、世界でも指折りのマッコウクジラのエキスパートとなった。吸盤を使って装置をクジラに取り付け、クジラからはがれた後に海面に浮かぶ装置を回収するために、富士山に登って電波を受信したという逸話は、講演で紹介すると会場が爆笑に包まれるという私の十八番ネタだ。キヤノン財団からの研究助成を受けるために行ったプレゼンテーションでもちゃっかりそのネタをつかみに使わせてもらった。予算が採択された後は、プロジェクト遂行の中心人物として小笠原のマッコウクジラ調査で大活躍してくれた。過去に全否定アドバイスを与えた人に結局助けてもらったのだから、何とも不思議な縁である。5章でクジラとのやり取りを存分に語ってもらいたい。

チーターについて紹介する6章を担当した渡辺伸一さんは、初めて会った時には琉球大学の大学院生であったが、既に一人前の博物学者であった。彼はイリオモテヤマネコを対象とした研究で博士号を取ったネコ博士だ。絶滅の危機に瀕しているイリオモテヤマネコは、研究者でも野外でその姿を拝むことは難しい。そこで、彼は西表島をくまなく踏破し、イリオモテヤマネコの糞を集めまくった。彼は、拾った糞を細かく分析してヤマネコが何を食べていたかを調べた。調べる方法は、DNA分析などといった今どきのやり方ではなく、虫眼鏡や実体顕微鏡で糞をひたすら眺めて骨片を探すというやり方だ。そして、骨のかけらから動物の種類を同定し、イリオモテヤマネコが多くの種類の餌を食べていることを突き止めた。骨の一部を見ただけで、餌の種類が分かるようになるまでに、いったいどれくらい見続けたことだろう。想像するだけでも気が遠くなる作業だ。

そういったいわゆる足で稼ぐタイプの博物学者は、得てしてバイオロギングのようなハイテクを嫌悪しがちだが、彼はまったく違っていた。私の上司であった内藤先生が琉球大学で行った講演を聴き、「これだ」とひらめいた彼は手紙を出した。

ある日、内藤先生が嬉しそうに私の机までやってきて一通の手紙を見せてくれた。「この手紙どう思う？　ただ者じゃないと思うのだが」と私に感想を求めた。そこには、自分が苦労して進めてきたイリオモテヤマネコ研究をさらに上のレベルに上げるため、バイオロギングに大きな可能性を感じている。いつの日かバイオロギングを導入したイリオモテヤマネコの生態研究を実現したいといった内容の熱い文章が綴られていた。

私たちはそれまで観察が難しい動物として、海で暮らす水棲動物のことしか想定していなかった。しかし、イリオモテヤマネコのように深い森の中に隠れ棲む動物もまた、同じ状況に置かれていることをその時知った。確かにバイオロギングは森の動物の生態解明にも役立つかもしれない。

しかし、イリオモテヤマネコはそもそも捕獲が難しく、結局バイオロギング研究は成就しなかった。その後10年以上の月日が経ち、ひょんなことから私はアフリカのチーター調査に首を突っ込むことになった。テレビ番組の製作にバイオロギングを持ち込んで参加することを依頼され、2011年の秋にアフリカのナミビアに行ってきた。首輪にGPSと加速度計を付けてチーターの行動記録がとれそうだという感触を得て嬉々として帰国した私であったが、冷静になってその後の研究の進め方を模索しているうちに頭を抱えることになった。本格的にチーターの生態研究を進めようと思ったら腰を据えて取り組まねばならない。しかし、私自身にはその時間が無い。じゃあ、この調査に専念してくれる学生をアフリカに派遣するといいたいところだが、そうもいかない事情があった。

私は東京大学の大気海洋研究所に所属しているが、大学院教育としては農学生命科学研究科水圏生物科学専攻に所属する大学院生の教育に携わっている。海や川といった水圏に関わる生物の研究をする専攻に所属する大学院生にチーターの研究をやらせるのは、あまりにもまずい。やりたがる学生はいるだろうが、修士号や博士号を取る過程で、必ずほかの先生から突っ込みが入るに違いない。「何で、水圏生物科学専攻でチーター？」。

というわけで、チーターからは足を洗おうと思ったが、せっかく面白そうなデータが得られる目処が立ったのに、このままおめおめと引き下がってよいのだろうか。あきらめの悪い私は、ネコ博士の渡辺伸一さんを思い出した。イリオモテヤマネコで断念したバイオロギングをチーターでやれるとなったら、彼は食いついてくるに違いない。

当時渡辺さんは福山大学生命工学部海洋生物科学科に講師として所属していた。海洋生物科学科に所属する教員がどんな理屈でチーターをやってもよいことになったのかは知らないが、とにかく彼は仕事を引き受け、嬉々としてアフリカに旅立っていった。その時取ったデータを解析した結果を、6章で存分に紹介してもらおう。

2章

浦島太郎の目線で調べる
ウミガメの生態

（佐藤克文）

ウミガメが餌を食べない⁉

「ウミガメの採餌生態を明らかにします」

いまから25年前の１９９０年、ウミガメについて何も知らない真っ白な大学院生だった私は、そんな宣言をしてウミガメ調査を始めた。向かった先は、和歌山県のみなべ町。そこには、毎年夏になるとアカウミガメが産卵のために上陸してくる千里浜があった。

「三食昼寝付き。夏の砂浜で楽しくキャンプ生活しながらウミガメを見物しないか」

そんな台詞で後輩たちを勧誘し、歩いて帰るのが難しいくらいの僻地にある千里浜に学部の１・２年生を車に乗せて連れていった。泊まる場所は海辺のリゾートホテルならぬ、砂浜に隣接する千里観音の境内に立つトタン張りの小屋だ。

夜になるとウミガメが砂浜に上がってくる。そのウミガメを1頭も見逃さぬように常時誰かが砂浜を歩いているよう、水も漏らさぬワッチ体制を組んだ。「雨が降ってもウミガメは来る」。そんな理屈で、雨が降る中でも一切の妥協なくパトロールを敢行した。一晩で5～10㎞くらい砂浜を歩き、明け方から眠りにつく。快適なベッドがあるわけもなく、畳張りの1室に、5～10人くらいの学生がごろ寝する。もちろんエアコンなど無い。夏の強烈な太陽がトタン屋根をじりじりと焦がし、昼の11時頃にはあまりの暑さに寝ていられなくなる。

辛抱強いボランティアだと2週間くらいつきあってくれるが、普通の人は大体数日で帰って行く。こちらもそれを見越して多くの学生に声をかけてある。当時の京都大学農学部水産学科には猛者が多かったようだ。そんなハードな調査を気に入って、卒論生もしくは大学院生としてウミガメ調査に加わってくれる仲間が年々増えていった。もともと海洋物理学を専門としていたはずの水産物理学教室は、いつの間にやらウミガメ研究室となり、延べ10人以上、最盛期には4人の大学院生と学部学生が砂浜にこもって調査を進めた。

当時は、動物の体に記録計を付けるバイオロギングの創成期で、アザラシやペンギンが深くまで潜るということまでは分かっていた。何のために潜るかといえば、餌を捕るために違いない。しかし、それを調べるための道具、たとえば耐圧容器に入った小型のカメラなどはまだこの世に存在していなかった。ならばどうすればよい？　南極海で深く潜ったペンギンがオキアミを食べれば、胃の中の温度は一時的に下がるはず。たくさん食べればより大きく温度が下がるに違いない。だから、胃の中に温度計を入れて連続測定すれば、どのタイミングでどれくらい餌を食べたか分かるだろう、なんてことを考えた先駆者たちが、アザラシやペンギンの胃の中に温度計を入れる試みを始めていた。私は、この最先端の手法をウミガメに導入することにした。

ウミガメは爬虫類なので変温動物ということになる。普段水面をふらふら泳いでいる時は、体温が水面近くの温かい水温と同じ温度になっているはず。そのウミガメが深く潜って何かを食べれば、深いところにいる餌は冷えているので、胃内温の挙動からウミガメがどれくらいの頻度で、あわよくばどれくらいの量の餌を食べているかが分かるに違いない、と私は信じて調査に勤しんだ。

しかし、なかなか実験はうまくいかなかった。6月から8月にかけて、アカウミガメは約2週間の間隔で同じ砂浜に複数回上陸して産卵すると専門書には記してあった。ところが、記録計をポケットに入れたチョッキのようなものを背負わせたウミガメは、ちっとも砂浜に戻ってきてくれない。負荷が大きいのかもしれないと思い、チョッキ方式をやめて、個々の記録計をエポキシ接着剤で甲羅に貼り付けるやり方を考案したところ、ウミガメは戻ってくるようになった。ところが、胃の中に入れた温度計が吐き出されていたり、せっかく回収した記録計が動いていなかったりと、諸問題が勃発した。試行錯誤を経て3年ほど経った頃、ようやく思い通りのデータを取ることができた。ところが、そのデータが意味するものは私にとって残念な内容であった。

ウミガメは海に入った直後に海水を飲んだだけで、その後再び上陸してくるまで餌を食べていなかったのだ。産卵を終えて海に帰ったウミガメの胃内温度を見ると、急に数度低下した後じわじわともとの温度に戻るという挙動を示し、その一時的な水温低下は翌朝までの間に10～20回ほどみられた。ウミガメは産卵の時に涙を流すことがよく知られている。しかし、これは泣きながら産卵しているわけではなく、飲み込んだ海水を眼球の後方にある塩類腺で水分と塩分に分離し、その余った塩分を目から排出しているだけのこと。水族館で泳ぐウミガメをガラス越しによく見れば、水中でも鼻水状の涙がたなびいているのを確認できる。砂浜に上陸して産卵する間は海水を飲み込むことができず、また穴を掘ったり埋めたりという行為に疲れるからだろうか、産卵を終えて海に戻ったウミガメはまず海水を飲んで水分補給をするようだ。問題は、その後だった。2週間後に再び上陸するまでの間、何かが胃の中に入った形跡がみられなかったのだ。

「餌を食べない？　そんなバカな」と思い、海にいた2週間の体重変化を調べてみた。すると、個体によって値は異なったが、500g～4・6kg体重が減っていた。試しに水族館で飼育されているウミガメを2週間絶食させたところ、3kgほど体重が減少した。どうやら、産卵期のウミガメは本当に餌を食べず、体内に蓄積した脂肪などを使って1～2ヶ月間の代謝をまかなっているようであった。そんなことが分かってから改めてアカウミガメの潜水行動を見てみた。ウミガメは20～30mまで潜った後、その深度に留まっていた。正確には1分間で10～90㎝くらいの速さでゆっくりと浮上していた。おそらく海の中層にぼーっと浮かんでいるのだろう。20～40分間ほど経つと呼吸のために一旦水面に戻り、そしてまたもとの深さへと潜りそこでじーっとしていた。どうやら、ウミガメは特に何かをやりたくて潜っているわけではなさそうだ。中層で休みつつ、次に産み落とす卵が準備できるのをひたすら待っているようであった。

「ウミガメの採餌生態を明らかにします」と宣言して調査を始めた私であったが、さすがにこの路線で博士号を取るのは難しいと判断しテーマを変更した。結局学位論文の題名は「産卵期アカウミガメの体温決定機構に関する研究」となった。胃内温度から採餌イベントを検出する手法は、ペンギンやアザラシといった恒温動物で用いられていた。私はノー天気な発想からこの手法をウミガメという変温動物に応用したわけだが、ひょうたんから駒ともいうべき予想外の発見があった。海の中層で長時間過ごすアカウミガメの体温が、太陽光エネルギーに頼ることなく、外部の水温よりも1～2度高く保たれていたのだ。ウミガメは時々50ｍくらいまで潜り、水面よりも5度ほど低い水温を経験していたが、体温は水温の急変化にもかかわらず一定に保たれていた。そんな体温生理に関する内容の学位論文を書いた後、私は国立極地研究所に職を得て、ペンギンやアザラシを対象とした行動学研究に邁進していった。

岩手でウミガメ調査再開

学位を取得した1995年から10年近く経過した2004年、私は岩手県大槌町に赴任した。そこには、東京大学大気海洋研究所の臨海実験所に相当する国際沿岸海洋研究センターがあった。水産業が盛んな三陸沿岸は、海の生産性が高く、多くの海鳥や大型の魚類が生息している。私はそれらの動物を対象にしたバイオロギング研究を展開しようと思っていた。三陸沿岸には大型の定置網がいくつもある（図2－1）。漁師さんと話していると、「ウミガメなら時々獲れる」と言うではないか。翌年2005年に一人の大学院生、楢崎友子が大槌町にやってきた。そこで私は彼女にウミガメ研究を強く勧めた。彼女が定置網漁業者にお願いして回った結果、アカウミガメとアオウミガメを生きた状態で入手できるシステムができあがった。毎年、7月に水温が15℃を

図2–1　網上げ中の大型定置網

上回るようになる頃、まずアカウミガメが獲れるようになる。8月に最も多くのアカウミガメが捕獲され、例年10月頃まで獲れることが分かった（図2–2）。アオウミガメはアカウミガメよりもやや遅れて8月頃から獲れ始めるようだ。また、得られるアオウミガメの大部分、そしてアカウミガメの少なくとも半数は、性成熟に達する前の亜成体であることが判明した（図2–3）。また、毎年数頭は尾が長く伸びたアカウミガメの雄を入手できた。

これはウミガメ研究において画期的なシステムだ。というのも、世界中でウミガメ研究が進められているが、そのほとんどが産卵上陸してくる雌成体と卵から孵化した幼体を対象とした調査であり、孵化幼体が砂浜を旅立った後、どこでどのように過ごし、何年かけて性成熟に達するのかといった亜成体の生態は未だによく分かっていないか

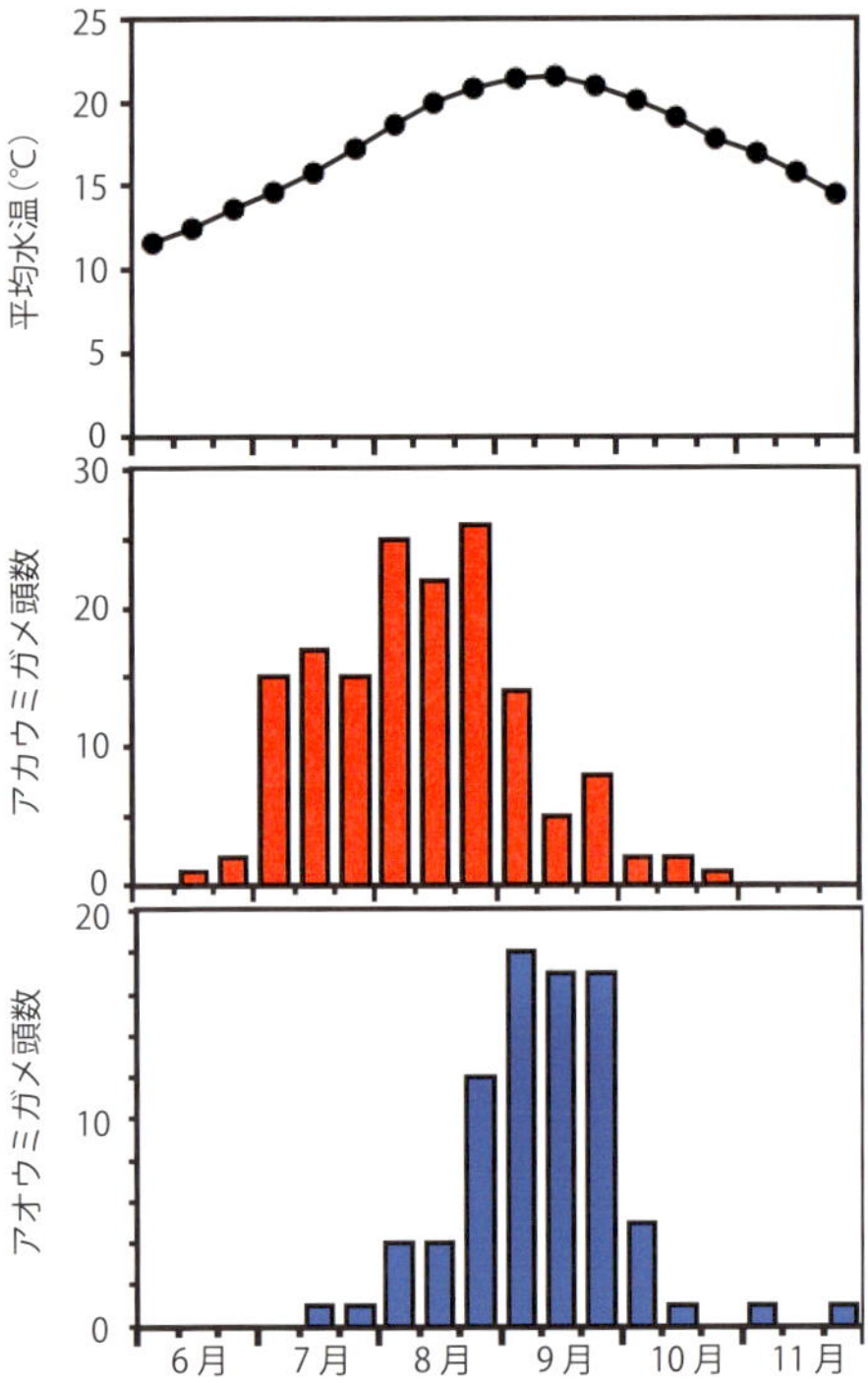

図 2-2　三陸沿岸の水温季節推移とアカウミガメ・アオウミガメの捕獲頭数

水温は 2005～2014 年の旬別平均値。アカウミガメは 2005～2010 年の合計数、アオウミガメは 2005～2014 年の合計数。福岡拓也作図。

らだ。産卵上陸してくることがない雄の暮らしぶりも謎に包まれている。それらの謎を岩手の調査で解明できるかもしれない。また、三陸沿岸は、アカウミガメの主な産卵場から500km、アオウミガメの産卵場である小笠原諸島や沖縄県からは1500km以

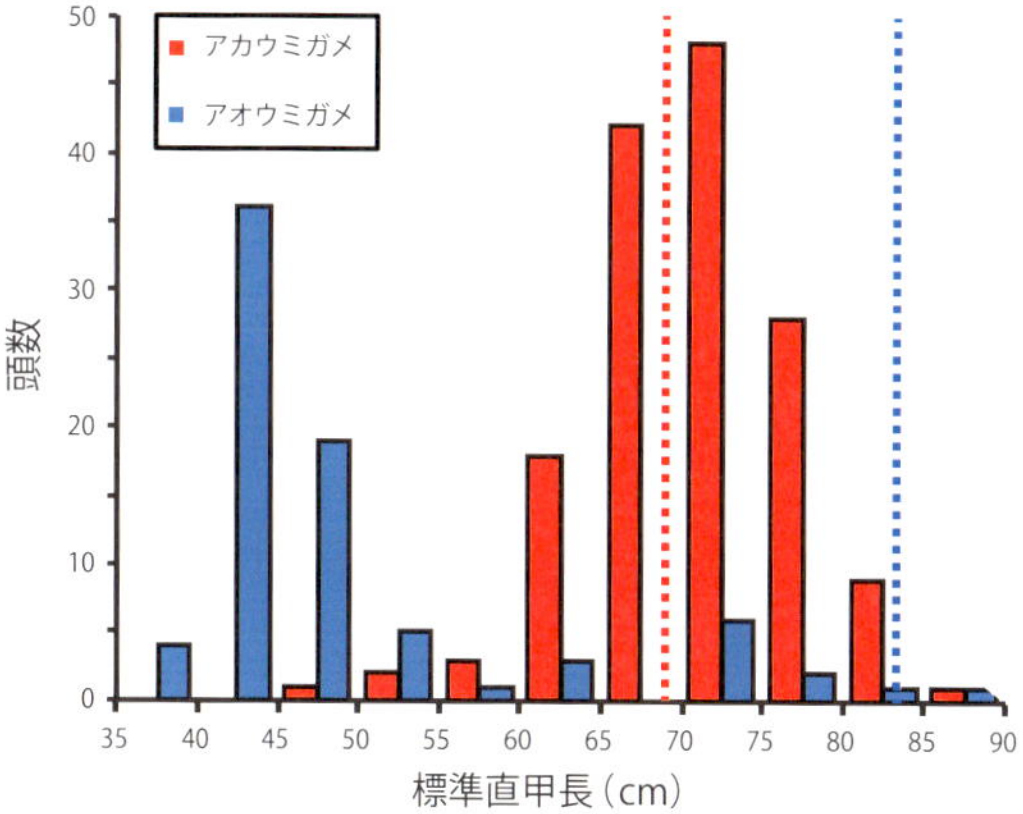

図 2-3　三陸の定置網で捕獲されるアカウミガメとアオウミガメの標準直甲長
破線はそれぞれアカウミガメ（赤線）とアオウミガメ（青線）の産卵上陸する雌成体の最小サイズを示す。福岡拓也作図。

上も離れている（図2－4）。大学院の時に和歌山県の産卵場で行ったアカウミガメ調査や、その後小笠原の産卵場周辺で行ったアオウミガメ調査では、どちらの種類でも成体雌は産卵期に積極的な採餌を行わないという結果となったが、産卵場から遠く離れた三陸の海までやってくるウミガメたちは、餌を食べているに違いない。20年越しの目標であったウミガメ類の採餌生態を調べられる日が来たようだ。

アカウミガメがクラゲを食べた

定置網で捕獲された個体は、まずは国際沿岸海洋研究センターの屋外水槽に入れて飼育した（図2－5）。数日経つと、ウミガメは糞をする。糞も大切な試料なので、

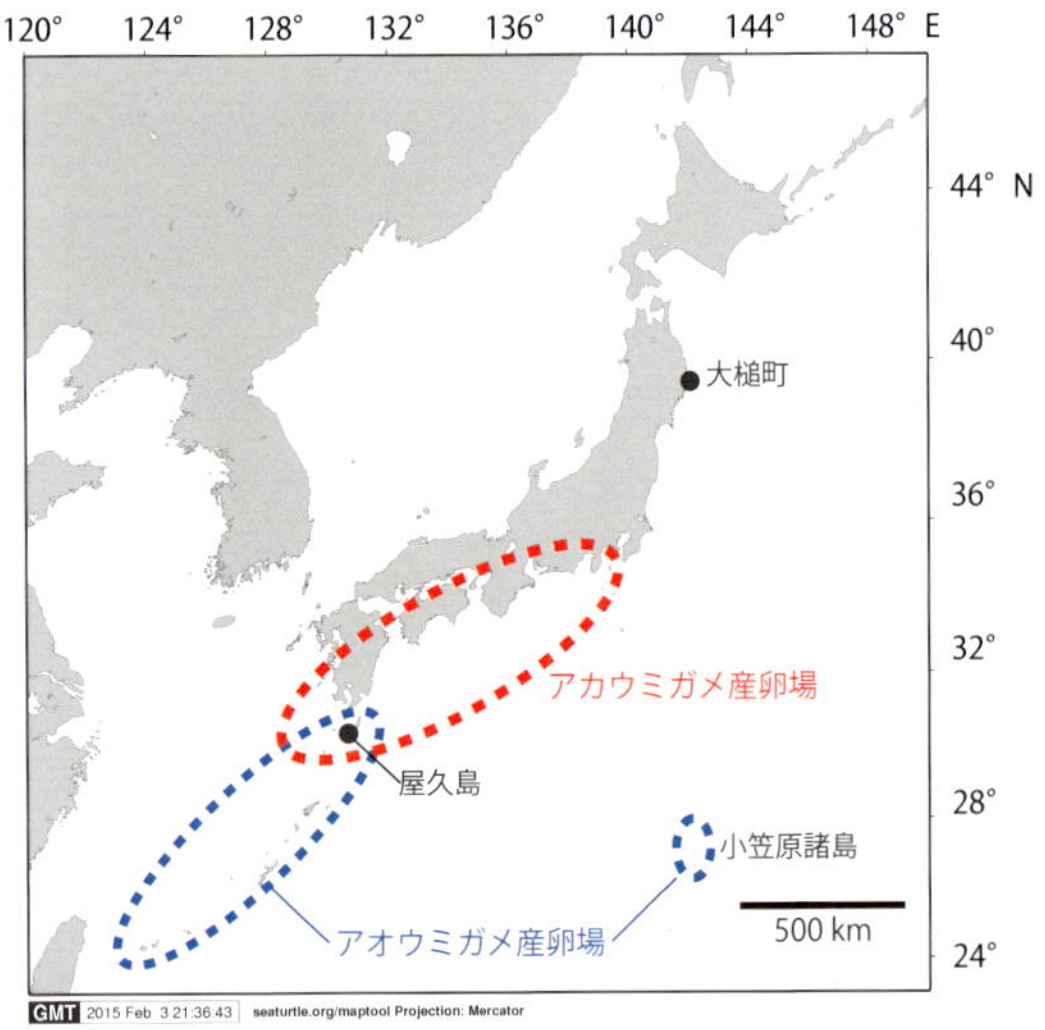

図 2–4　東京大学大気海洋研究所国際沿岸海洋研究センターがある大槌町と日本における主なウミガメ産卵場との位置関係
福岡拓也作図。作図にはMap-tool（www.seaturtle.org）を使用した。

図 2–5　屋外水槽に入ったウミガメたち（赤丸）

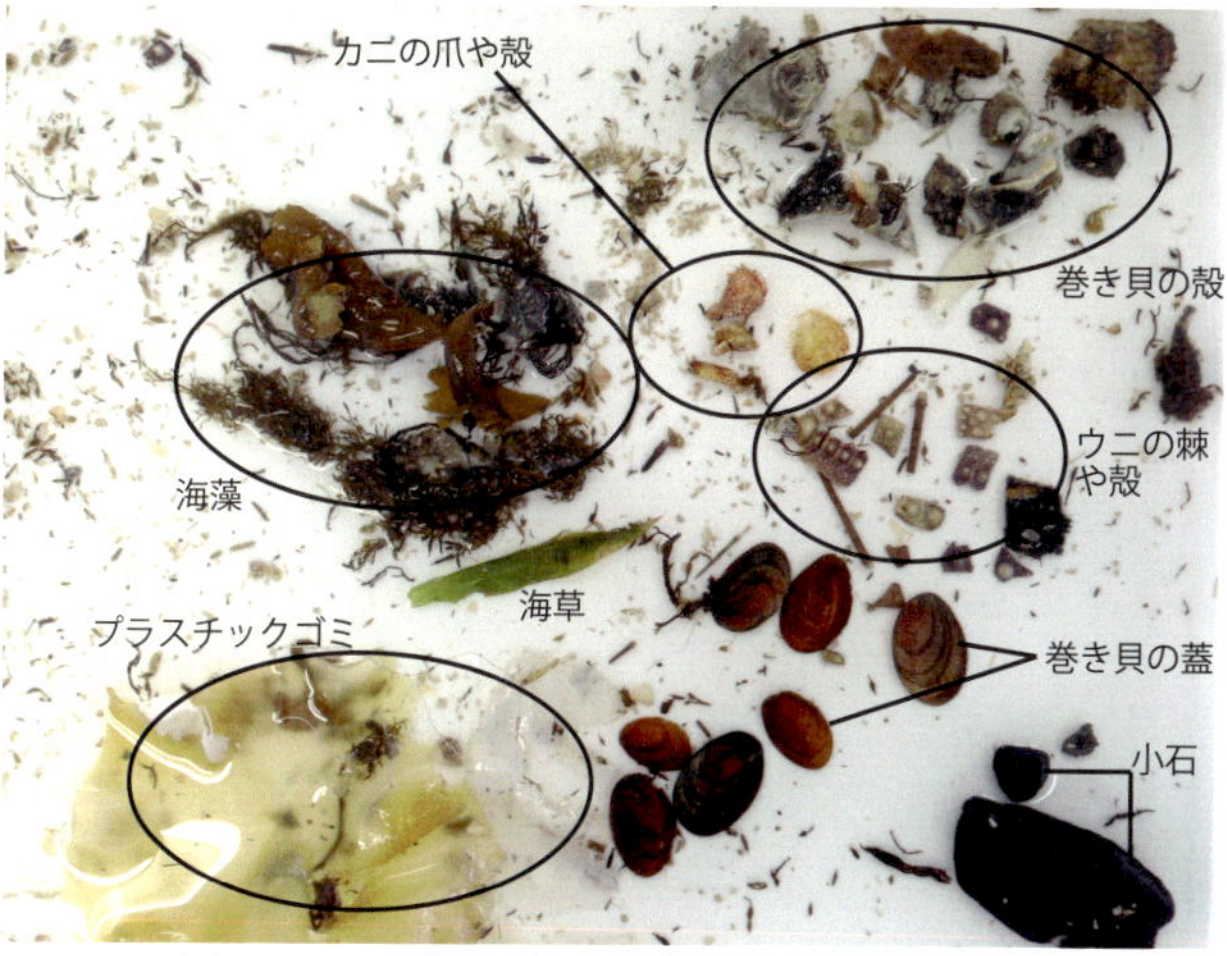

図2-6　アカウミガメから排泄された糞の内容物

どの個体から出てきたものか分かるよう、1頭ずつ別々の水槽に入れて採集した。

アカウミガメの糞からは貝殻やウニの棘や殻、カニとおぼしき爪や殻の破片など、底生動物の体の一部が出てきた（図2－6）。これは大体予想通りの結果だ。専門書を読むと、孵化幼体がある程度大きくなるまでは外洋を浮遊しながら海面に浮かぶ柔らかい餌を食べ、ある程度まで大きくなると沿岸域に棲み着いて底生動物を食べるようになると記されている。

アカウミガメの英名は loggerhead turtle という。その言葉にはばかでかい頭という意味があるそうで、確かにほかの種に比べて相対的に頭が大きい。大きな頭と顎は貝殻をバリバリと噛み砕くのに好都合であると考えられている。そこで、アメリカのテキサスA＆M

図 2-7　噛む力の測定器をかじるアカウミガメ

大学に所属するクリス・マーシャルさんが大槌までやってきて、アカウミガメの噛む力を測定する実験を行った（図2－7）。彼はそれまでに直甲長30㎝台より小さい幼体や産卵のために上陸してくる成体雌の噛む力は測定していたのだが、その中間サイズの測定ができずに困っていた。大槌で我々が直甲長40～80㎝のアカウミガメをコンスタントに入手できていることを知り、早速やってきたというわけだ。その結果、アカウミガメの噛む力は体サイズとともに増え、三陸沿岸にやってくる亜成体のアカウミガメは直甲長が40㎝以上で、固い殻をもつ貝類やカニ類を噛み砕くだけの力が備わりつつあることが分かった（図2－8）。これは、糞から餌生物の硬組織が出てくる事実とも符合する。

ここまでは理屈通りに研究は進んでいた。この後、アカウミガメの背中にビデオカメラを取

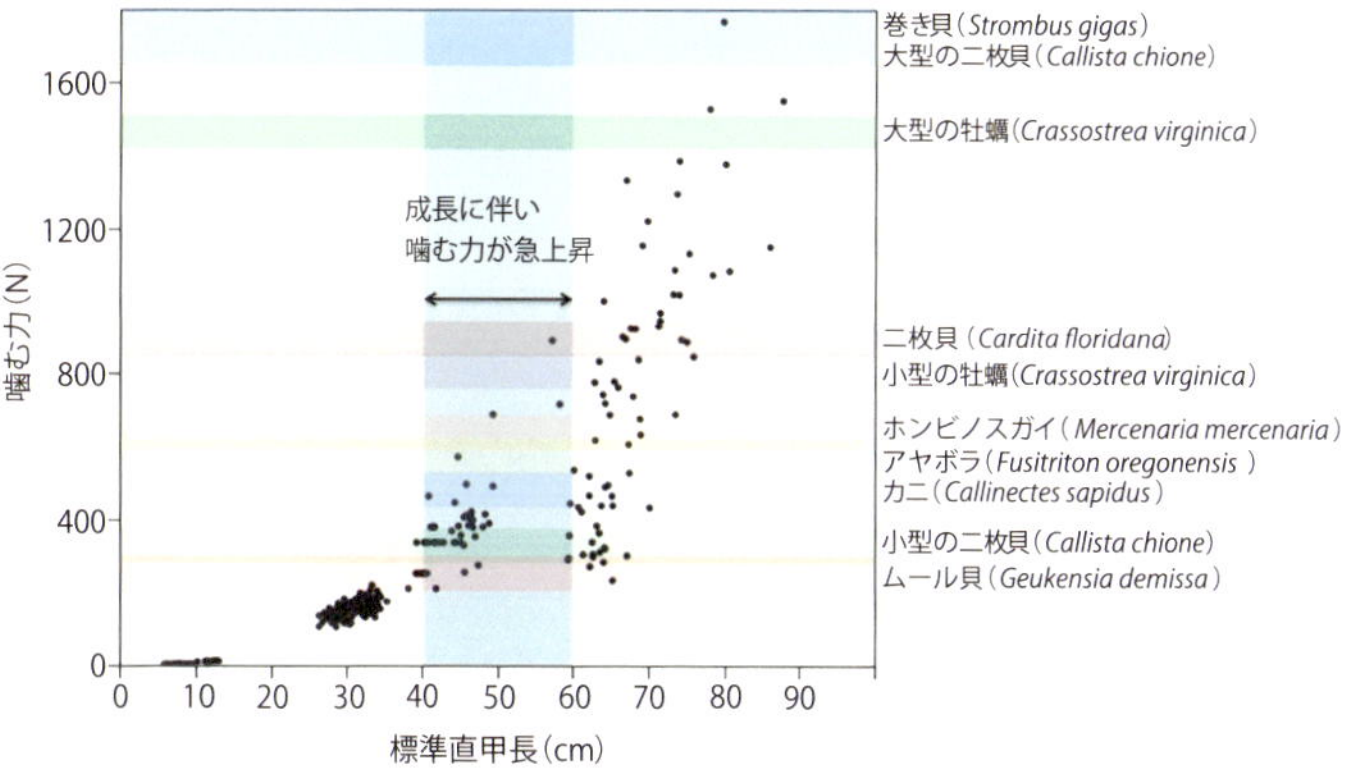

図2-8　アカウミガメの直甲長と噛む力の関係

Marshall et al. 2012より改変。図の右に列記した餌を噛み砕くのに必要な力を色分けした帯で示す。

図2-9　クダクラゲ類を食べるアカウミガメ

2014年撮影。動画あり

図 2-10　ガザミを追いかけて食べるアカウミガメ
2014年撮影。動画あり

り付け、まるで甲羅にまたがる浦島太郎になったかのごとく、海で彼らが餌を捕る様子を目の当たりにして、私たちは頭を抱えることになる。餌捕りシーンが初めて得られたのは2007年のことだった。画面に映ったアカクラゲがみるみる近づいたかと思うと、アカウミガメががぶりと食いつき飲み込んだ。20年間想像していたアカウミガメの採餌シーンは、予想とは異なり中層に浮かぶクラゲを食べるというものであった。その後もビデオにはアカウミガメがクラゲ類を食べるシーンが頻繁に登場した（図2－9）。その頻度は高く、ある個体は3時間の撮影時間中、計45回もクラゲに食いついていた。

採餌シーンが何度も映っているのは嬉しいのだが、底生動物を食べるシーンがなぜだか出てこない。海底まで潜り、貝やカニを見つけてバリバリと噛み砕いて食べるのを期待していたのだが、そのようなシーンにはなかなかお目にかかれない。糞には貝殻やカニの殻が出てくるのだから、それらを食べているのは間違いなかろう。しかし、糞の内容物を調べることで見積もった貝やカニの餌としての重要性は過大評価されているようだ。2014年になってようやくアカウミガメがクラゲ以外の餌、カニを食べるシーンを目にすることができた（図2－10）。しかし、その食べ方は予想していたものとはまったく異なっていた。

いつものように20ｍの深度を水平方向にゆっくりと泳いでいたアカウミガメが、突然高速で泳ぎ始めた。ビデオをよく見ると前方を雄のガザミが泳いでいる。ウミガメは大慌てでカニを追いかけ噛みつこうとした。ところが、カニもさる者、ひらりひらりとウミガメの攻撃をかわしながら深い方へと逃げていく。深度20ｍから70ｍまで5分間ほど追いかけっこが続いた後、ようやくウミガメはカニに噛みついた。水中に手足の破片が散らばったが、ウミガメはひとかけらも残さずにすべてを平らげた。普段泳いでいる時はウミガメの遊泳速度は平均秒速49㎝だが、追いかけている時の遊泳速度は平均秒速88㎝、最大秒速1・3ｍであった。ウミガメにとってカニは滅多に出会えないご馳走なのかもしれない。ガザミは水をかくのに適したオール状の脚を持っている。どれくらいの頻度でカニが中層を泳いでいるのか分からないが、まさかこのように中層で追いかけて捕まえるとは予想していなかった。

アカウミガメが殻をもつ動物を食べる様子として、もう一つ別の例も撮影された。ビデオカメ

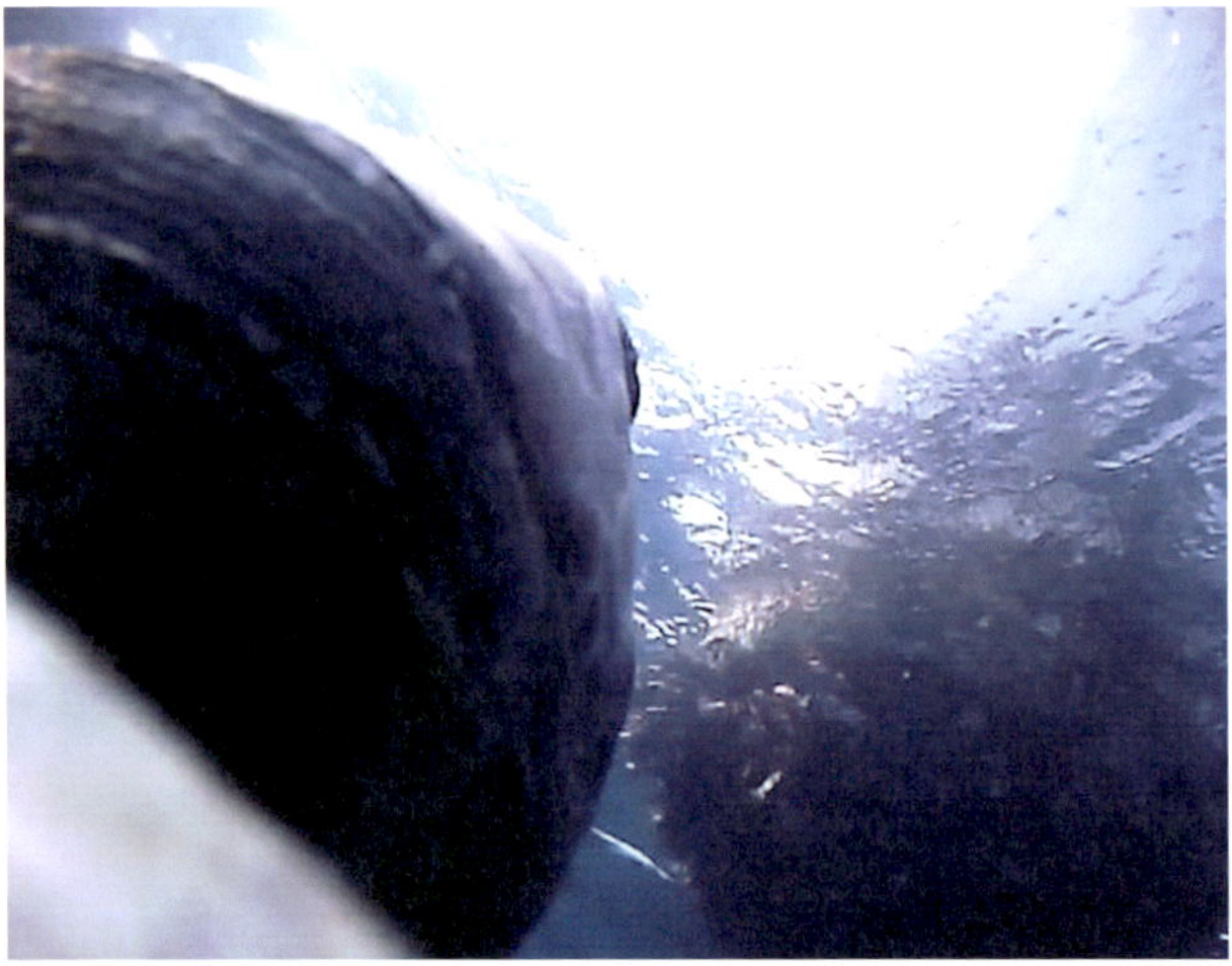

図2−11　浮きに付着したエボシガイを食べるアカウミガメ
2014年撮影。動画あり

ラを背負ったウミガメが、係留されて海面に浮かぶ発泡スチロール製の浮きにゆっくりと近づいていった。浮きにはエボシガイがびっしりと付着している。エボシガイというのは固着性の甲殻類で、フジツボと同じ蔓脚類に分類される。アカウミガメは22分間かけて付着しているエボシガイすべてを平らげた（図2−11）。潜水動物は、海に潜って餌を捕るものと思っていたが、水面に餌があれば喜んでそれを食べるというわけだ。まあ、理にかなった行動であるともいえる。

アオウミガメがゴミを食べた

水槽に入れておくとアオウミガメも糞をした。アカウミガメとは違って、アオウミ

図 2-12　藻類を食べるアオウミガメ
2013年撮影。動画あり

ガメの糞はあたかも人間のそれのように細長い塊状で、ほぐしてみると植物の繊維が固まったものであった。専門書にはアオウミガメは植物食と記されているので、これは予想通りの結果だ。アオウミガメにもビデオカメラを付けて放流した結果、5頭から合計41時間分の動画が得られた。その中で、合計168回の採餌が撮影されており、内155回（92％）では紅藻、褐藻、緑藻などの藻類を食べていた（図2－12）。そして、アオウミガメがクラゲを食べるシーンが5回ほど映っていた。

予想外の映像としては、アオウミガメが海面に浮かぶ鳥の羽や木の破片といった餌ではないものを、それぞれ3回ないし11回も食べているというものがあった。また、ショッキングなことに水面近くを漂うレジ

図2–13　プラスチックゴミを食べるアオウミガメ
2014年撮影。動画あり

袋などのプラスチックゴミを12回も食べていた（図2－13）。アカウミガメでは11頭から計60時間の動画が得られたが、食物以外のものとしては木片を1回、発砲スチロールを1回、釣り糸を1回食べただけであった。海中を泳いでいる間、これらのゴミに遭遇する頻度に種間の違いは無かったが、飲み込んでしまう割合はアオウミガメの方がアカウミガメに比べて高くなった。

動画には、アカウミガメがゴミをやり過ごすシーンも映っていた。その時の行動データと合わせてみたら面白いことが分かった（図2－14）。中層を泳いでいるアカウミガメの進路がある時カクンと曲がる。遊泳速度がゆっくりと下がっていき、やがて前方にレジ袋が現れた。アカウミガメはしげしげとレジ袋を眺め、そのまま飲み込むことなくやり過ごした。この一連の行動から、ウミガメは視覚で餌を発見し接近していることが分かる。最後は、物体の動きを見定めた上で、餌か否かを判断しているようだ。アカウミガメの餌は、クラゲにせよカニにせよ動きのある動物である場合が多い。はっきりとした動きが見づらいエボシガイやウニをどうやって餌と認識しているのかは分からないが、「動くものは餌」という判断基準をもっているようだ。一方のアオウミガメの餌の大部分は藻類で、波に揺れることはあっても能動的に動くことはない。そのため、海中に漂うレジ袋との区別が付かずに食べてしまうのかもしれない。

世間ではウミガメ類がプラスチックゴミを摂取して、それが消化管内に詰まってしまうために死ぬという話が広く信じられている。多くのウミガメがプラスチックゴミを摂取しているのは事実だ。実際に私たちのもとに毎年2～3頭届く死亡個体を解剖してみると、13頭の内11頭のアカウミガメ、そして9頭のアオウミガメすべての消化管にプラスチックゴミが入っていた。しかし、ゴミが腸の途中で詰まっている個体は1頭もいなかった。水槽の中に生きたウミガメを入れておくと、プラスチックゴミが糞としてしばしば出てくる（図2－15）。かなり大きめのゴミが出てくることもある。同時に、貝殻やカニの殻などの消化できない部分や、海鳥の羽や木片や石など、餌として消化吸収できないものも頻繁に出てくる（図2－6）。

まだ世の中にレジ袋などのプラスチックゴミが存在していなかった時代から、ウミガメ類は海洋に浮かぶ餌をおおざっぱに捕り、可食部と非可食部を一緒に飲み込んでいたのだろう。浮きに

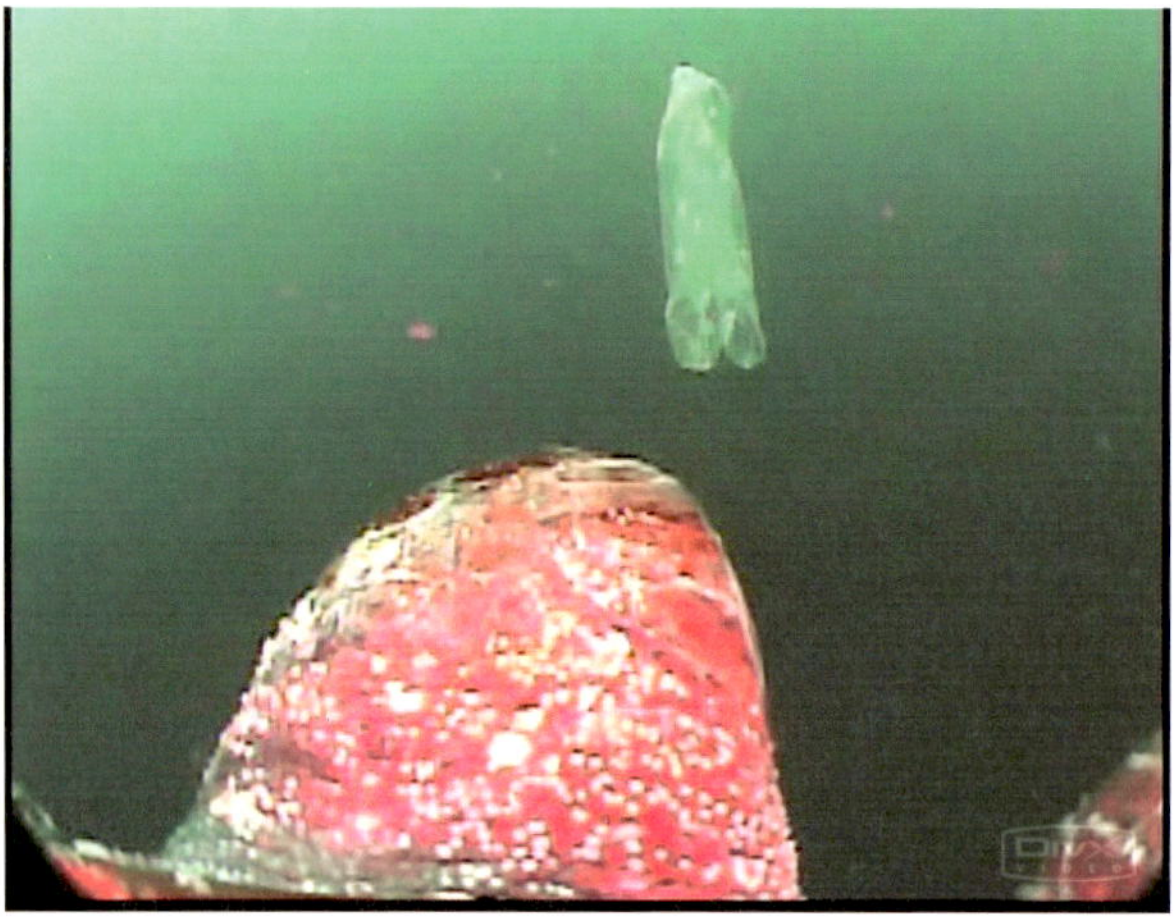

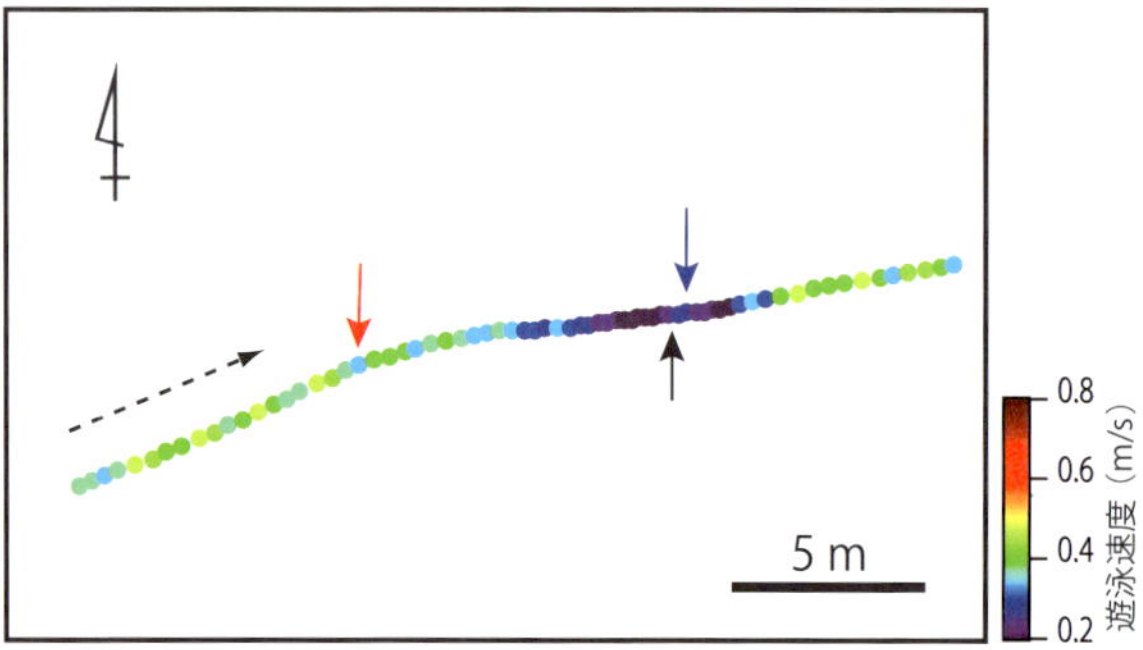

図 2-14　レジ袋に遭遇してから食べることなくやり過ごすまでのアカウミガメの遊泳経路

点の色が遊泳速度を表す。点線矢印は進行方向、赤い矢印は方向を転換した点、青矢印はレジ袋に到達した点、黒矢印の時に写真が撮影された。Narazaki et al. 2013のMovie S3 参照。
http://journals.plos.org/plosone/article?id=10.1371/journal.pone.0066043

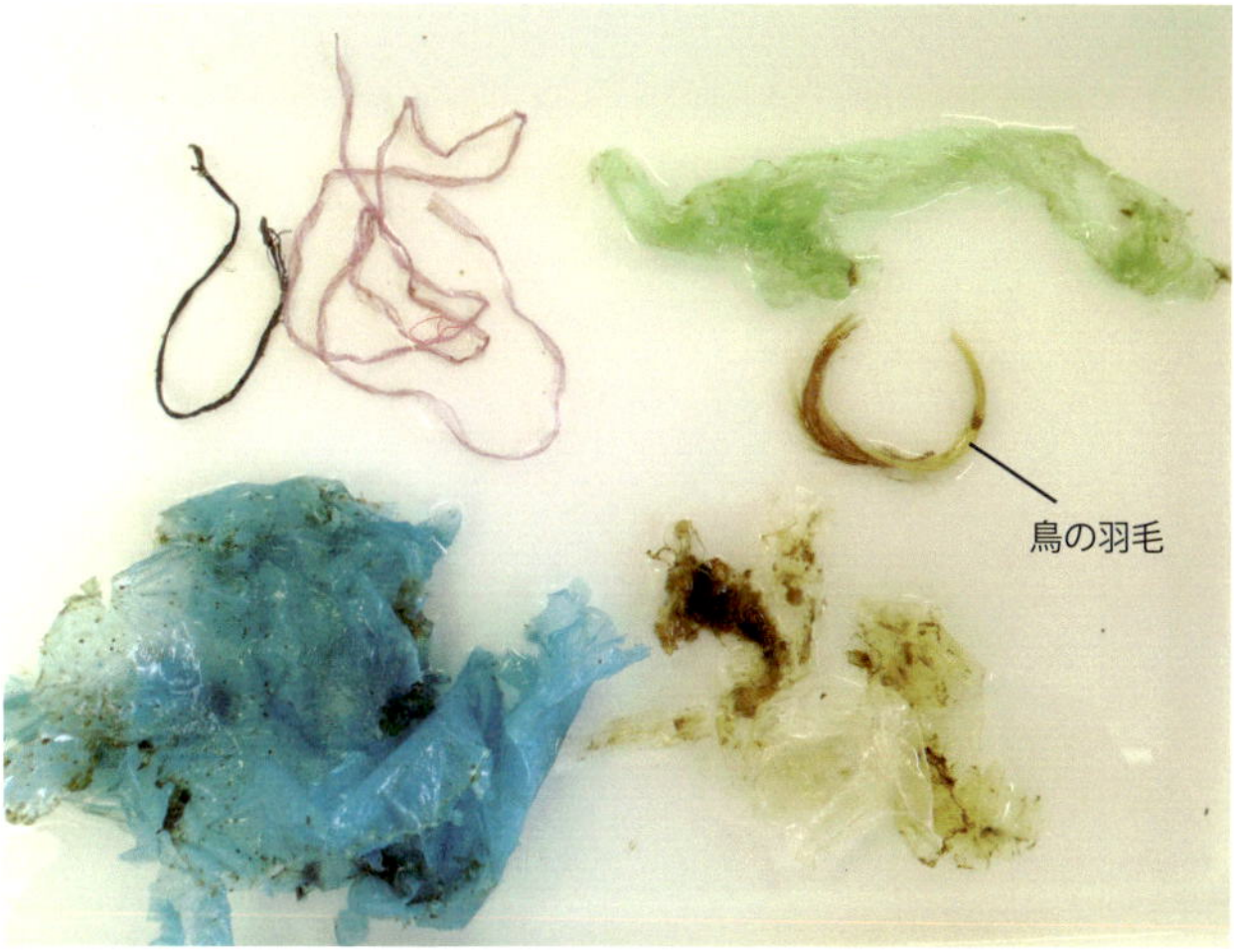

図 2-15　アオウミガメより排泄された糞の内容物
プラスチックゴミと鳥の羽毛。

付着したエボシガイを食べたアカウミガメも、発泡スチロールを一緒に飲み込んでいた。そして、栄養として消化吸収できないものは排泄されるのだ。プラスチックゴミから有害物質が溶け出し、それが消化管内で吸収されて何らかの悪影響がウミガメに及んでいる可能性は現時点では否定できない。しかし、ゴミを食べたウミガメが死ぬという思い込みが世の中に広がってしまうと、ウミガメ類を絶滅の危機に追い込んでいる真の要因が見えにくくなってしまう。冷静な科学の目で、ウミガメの生態を正確に把握していく努力が何よりも求められている。

図 2-16　アオウミガメ（右）によく似ているが、腹甲が黒っぽい個体（左）

ウミガメはどこから来てどこに行くのか

岩手県に来遊するアカウミガメとアオウミガメはどこから来たのだろう。この問いに対しては、いま隆盛を極めているDNA分析が答えを出してくれた。ミトコンドリアの中に含まれるDNAの塩基配列を分析した結果、アカウミガメは鹿児島県の屋久島産、アオウミガメは小笠原諸島で生まれた可能性が高いという結果となった。意外だったのは、アオウミガメの中に数頭、ハワイないし東太平洋産と思われる個体が紛れ込んでいたことだ。普通のアオウミガメの腹は真っ白だが、これらの個体の腹はいくらか黒っぽくなっていた（図2－16）。従来アオウミガメといわれていたものの中に、形態的にやや異なる個体がいて、それをクロウミガメとい

図 2-17　人工衛星対応型発信器を付けたアカウミガメ

う別種にするべきか、それとも同種内の変異として亜種に留めるべきなのかという議論がある。論争に結論はまだ出ていないが、何とも遠くからやってきたものだ。

岩手を出たウミガメがどこに行くのかを調べるためのデータも集めている。放流するウミガメの一部には、人工衛星対応型の電波発信器を付けている（図2－17）。これは、ウミガメの位置情報が人工衛星経由で日々研究室に届くというもので、バッテリーが切れるまでの約1年間、ウミガメの回遊経路情報を送り続けてくれる。アカウミガメとアオウミガメで、回遊経路にははっきりとした違いが現れた。アカウミガメは皆外洋に出ていくようだ（図2－18）。それも、1000km以上も沖合へ出ていき、1年間ずっと沖合を回遊していた。この広い回遊経路を眺めていると、彼らは1000kmとか2000kmといった空間スケー

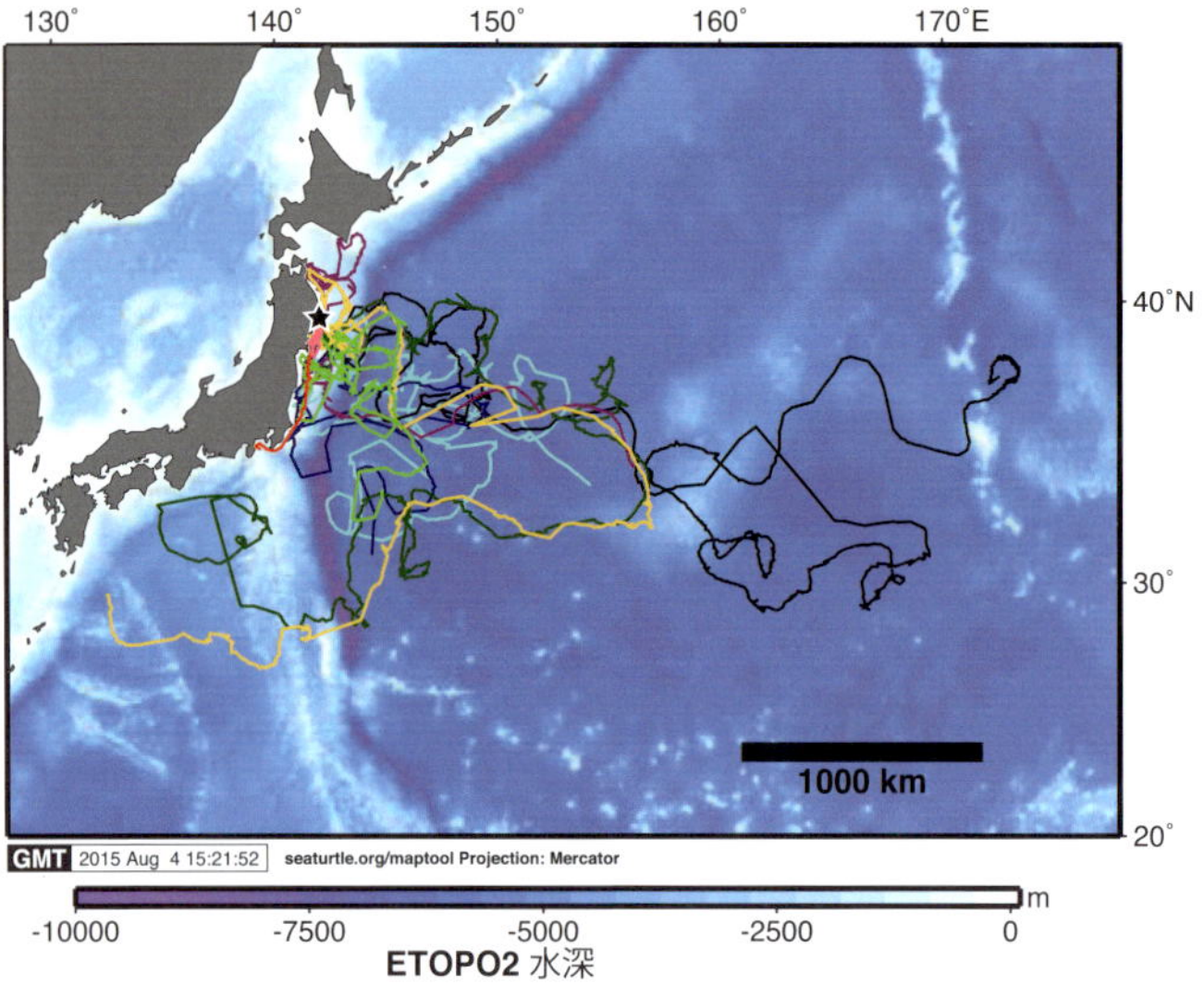

図 2–18　アカウミガメ９頭の回遊経路（2009年8月～2011年5月）
楢崎友子作図。作図にはMap-tool（www.seaturtle.org）を使用した。

ルをどのように捉えているのだろうかという疑問が湧いてくる。これだけ広い海を泳ぎ回った挙げ句、性成熟に達した後はどこかの産卵場に上陸し、それ以降は平均2年の間隔をあけて同じ産卵場に繰り返し産卵に訪れることが明らかになっている。広い海を泳ぎ回る日々を過ごしつつも、ピンポイントで同じ砂浜に戻ることができるウミガメには、高いナビゲーション（定位）能力が備わっていることは確かであるが、そのメカニズムの具体的な詳細はまだ分かっていない。

もう一方のアオウミガメは、岸沿いに南下するというパターンが人工衛星対応型発信器の結果からも見て取れた（図2–19）。プラスチックや金属製の

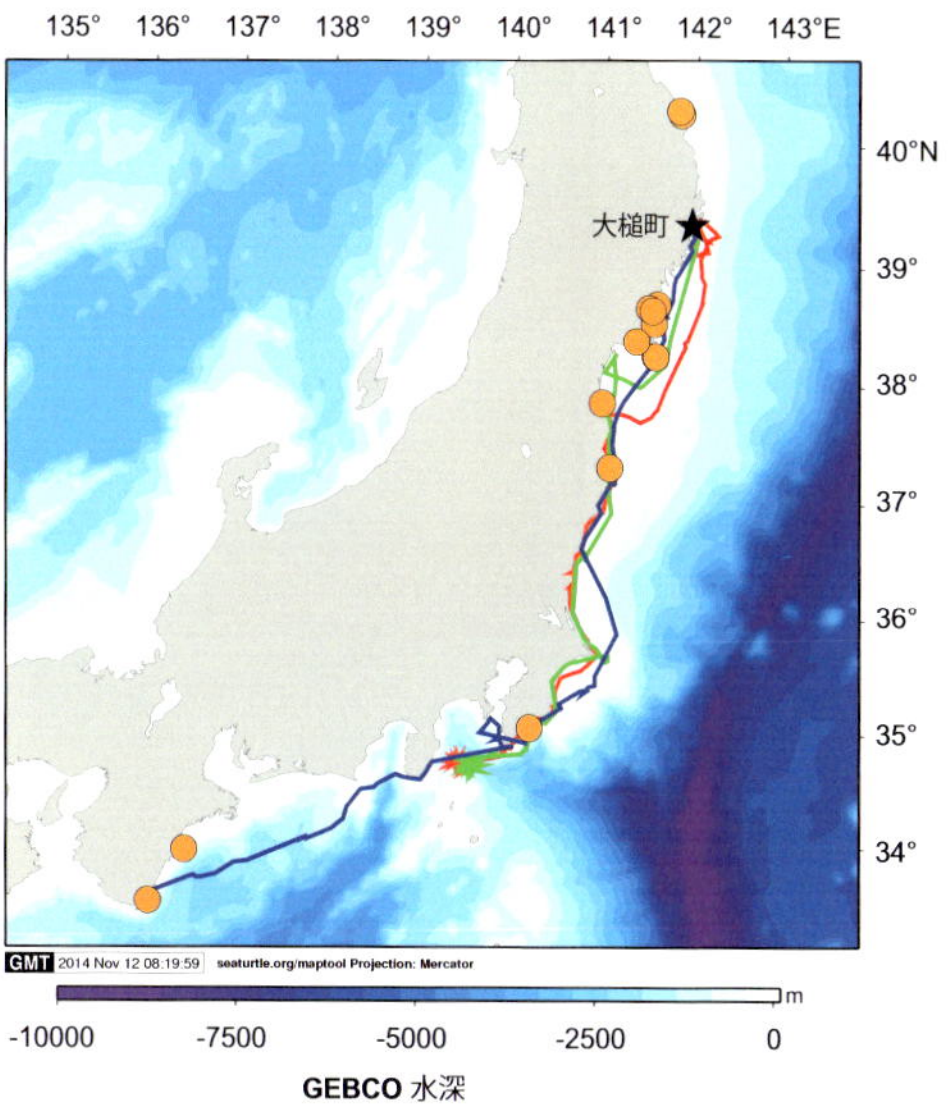

図 2−19　アオウミガメ３頭の回遊経路

黄色い丸は標識を付けた個体が再捕獲された場所を示す。Fukuoka et al. 2015 を改変。福岡拓也作図。作図にはMap-tool（www.seaturtle.org）を使用した。

個体識別用標識だけを付けた個体が再び捕まるのも、岩手以南の定置網であることが多い。次の年の夏に再び北上して三陸まで来るのか、そのまま南の沿岸に定着して成長していくのか、実態把握までの道のりはまだまだ遠い。

冬も活発に潜るウミガメ

ウミガメに付けた人工衛星対応型発信器は、位置情報に加えて潜水深度と潜水時間の情報も送ってきてくれる。たとえば、外洋を泳ぎ回る間、アカウミガメは平均数十mの

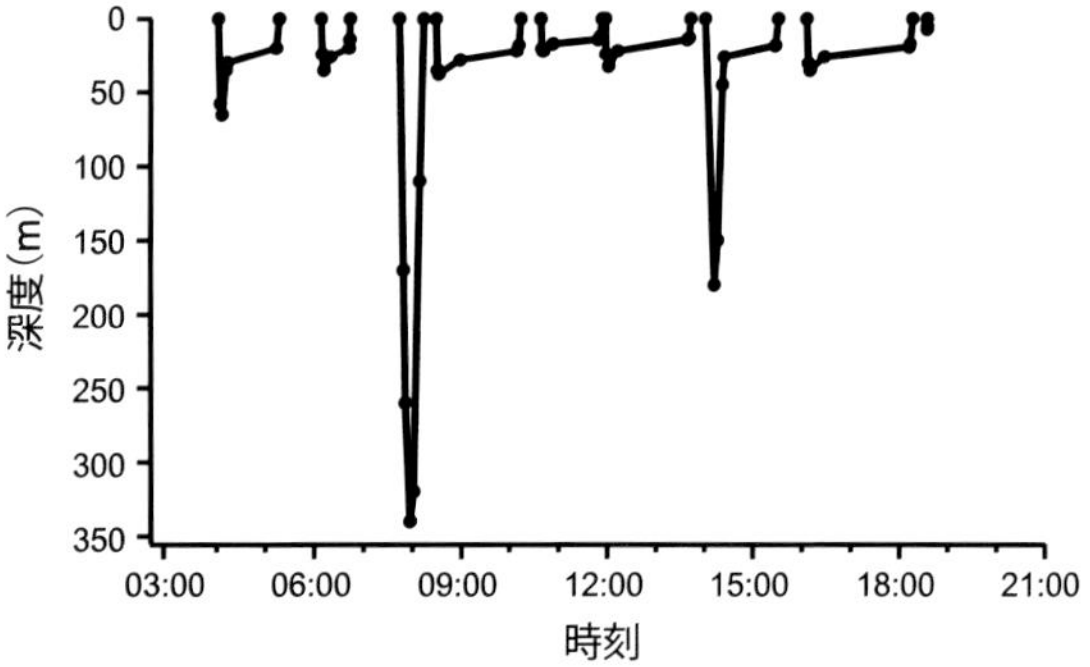

図2–20　アカウミガメの潜水行動。2010年12月12日（水温22.8℃）の様子
Narazaki et al. 2015 を改変。楢崎友子作図。

深度まで潜ることを繰り返しており、時々100m以上潜ることが分かった（図2－20）。産卵上陸してくる雌成体を対象として行われた過去の研究によると、アカウミガメの最大潜水深度は233mであったが、岩手を出発した個体からは340m以上という新記録が生まれた。過去の記録に合わせて深度の測定範囲を340mに設定していたためにこの数字となったが、実際にはこれ以上潜っている。最も深い潜水でどこまで潜るのか、今後の結果が楽しみだ。

アカウミガメの潜水時間の平均値は20・9分であった。平均水温が22・2℃と高い夏を含む半年間と、平均水温19・3℃とやや低い冬を含む半年間で、潜水時間の平均値に違いがみられなかったという結果はとても興味深い。これまで、性成熟に達した雌のアカウミガメを対象とした研究により、潜水時間は気温の下がる冬場には夏の10倍もの時間に達し、平均307分（約5時間）、最長614分（約10時間）になることが報告されている。そのような潜水は、あたかも冬眠するように個体が不活発になり、酸素消費速度を低下させることで達成されたと考えられている。岩手を出発した亜成体サイズのアカウミガメが、1年間を通して同じ長さの潜水を継続したということは、冬の間も活発に潜水を繰り返して餌を食べて成長する方が有利であるといった事情があるのかもしれない。

岩手から放流されたアオウミガメ亜成体も、沿岸域を南下しつつ潜水を繰り返した。季節推移に伴う水温低下とともに、潜水時間の上限が伸びていく傾向がみられた。特に水温が14℃台の日に行われた5・5時間の潜水時間は、アオウミガメでこれまで報告された潜水時間としては最長記録となった。ただ、水温が低い時期に行う潜水がすべて長いかというとそうでもなく、1時間以内の潜水も数多く行っていた。したがって、アオウミガメもまたアカウミガメのように水温の低い海域で活発な潜水も行っていたということになり、アカウミガメと同様に周年にわたって成長し続ける戦略を採用している可能性がある。

カメに始まりカメに終わる

水族館で栄養価の高い餌を与えて飼育したウミガメでは、6～7年で成熟した例がある。しかし野生の場合、砂浜で孵化したアカウミガメやアオウミガメが何年かけて性成熟に達するのかという謎に対してはまだ結論が出ていない。アカウミガメで13～47歳、アオウミガメで19～40歳と、研究者ごとに意見は大きくばらついている。もし本当にウミガメが性成熟するのに40年以上が必要なのだとすると、果たして一人の研究者に調べられるのだろうか？

三陸沿岸では定置網で捕獲されたウミガメを毎年50頭前後生きた状態で集めることができている。これらの個体にはプラスチック製の標識と金属製の標識を付けてから放流している。このウミガメの多くは亜成体だが、いつかどこかの産卵場に上陸して産卵するはずだ。２００５年から放流を続けているが、２０１４年の段階でまだどこの砂浜からも目撃情報が届かない。少年ないし青年サイズにまで育って三陸沿岸にやってきたウミガメが、性成熟に達するのにはまだまだ時間がかかるのかもしれない。私がいまの職場に留まり続けた場合、定年退職するまであと18年残されている。果たしてそれまでに岩手を出発した亜成体がどこかの産卵場に上がってくれる日は訪れるだろうか。定年退職した暁には、毎年どこかの砂浜をとぼとぼ歩き、岩手で放流したウミガメが産卵のために上陸してくるのを待ち続けよう。そんなことを考える今日この頃である。

column

眠るアオウミガメと眠れない私

（福岡拓也）

「そこで寝るなよ？……寝るなよ!?……あぁ、もう！」

映像データの解析が〝精神的に〟大変なものだとはまったく想像もしていなかった。

私は2012年から三陸沿岸でのウミガメ調査に参加し、翌年の2013年からアオウミガメにビデオカメラを取り付けて、食性に関する研究を始めていた（図2－21）。

「先生！ビデオカメラ無事回収しました！映像もバッチリ撮れてます」

「でかした、ぜひとも採餌生態を解明して報告してくれ」

「はいっ！」

アオウミガメから得られたビデオ映像を前に、私は期待で胸がいっぱいだった。アオウミガメもアカウミガメと同様、夏の間だけ三陸沿岸海域にやってくることは分かっていたが、どの餌をどれくらい食べるのかについては、ほとんど調べられていなかった。その頃、アカウミガメではクラゲを次々と食べるビデオ映像が得られており、従来考えられていた以上にクラゲが重要な餌であることが分かりつつあった。もしアオウミガメも頻繁にクラゲを食べていれば、「アオウミガメは沿岸域の植物食者」というこれまでの定説を覆すとともに、ウミガメがわざわざ三陸までやってくる理由は〝消化しやすいクラゲを大量に食べるためではないか？〟という議論までできると考えていた。そこで、何をどれくらい食べているのかを調べるために、早速ビデオ映像の確認作業を始めた。

ところがである。映像にはコンブなどたくさんの海藻が映っているにもかかわらず、アオウミガメはただゆったりと泳ぎながら海藻を物色するばかりでなかなか食べてくれない。期待していたク

図 2–21　記録計付きアオウミガメを放流する福岡拓也

ラゲもなかなか出てこない。〝やはりそう思い通りにはいかないか…〟〝何かお気に入りの種類の海藻でもあるのだろうか？〟などと考えていると、ふいにウミガメが海藻に埋もれた状態で動きを止めた。ウミガメの視線の先を確認しようとパソコン画面を下の方から覗き込んでみたものの（そうしたところで見える範囲が広がるわけではないのだが）、残念ながら海藻にさえぎられてよく見えない。〝もしかしたらサメのような大きな動物がうろついていて、それから隠れているのかも〟などと思いつつ視線を画面に戻すと、さっきまでしっかりと開かれていたはずのウミガメの目がいつの間にかトローンと半目になり、頭の位置もこころなしか下がっている気がする（図2–22）。その後も時間とともに目はどんどん閉じていき、頭の位置は下がり続けていく。まさに人がウトウトと居眠りを始めるようであった。

「おいおいちょっと待ってくれ。こっち

図 2-22　眠くなるアオウミガメ
2013年撮影。動画あり

は餌を食べるシーンを見たいんだ。のんびりと寝られては困る。」という願いもかなわず、ついに頭は画面外に消えて、ただ海藻が流れにひらひらと揺られているだけの映像が30分以上続いた。その後、呼吸をするために一旦水面まで浮上するが、すぐに海藻のところまで戻ってきてまた休み始める。こうなると確認作業が一気に暇になり、それまではまったく感じていなかった睡魔が襲ってくる。しかし、ビデオ映像はいつ何が起こるか分からないため、ウミガメが寝たからと言って「では私も…」というわけにはいかない。何個体ものビデオ映像を見続けたが、ひどい時にはこの休息と水面での呼吸の繰り返しだけで全記録時間の半分を占めることもあり、深夜にテレビで流れる環境映像のような光景を睡魔と闘いながら見続けるという辛い時間が続いた。その結果、冒頭のような発言が生まれるわけである。そんな長く辛い確認作業を終えた結果、何だかんだで100回以上の採餌映像が5頭のアオウミガメから得られた。しかし採餌映像のほとんどは海藻を食べるという、従来の胃内容物調査による定説と何ら変わりない結果だった。野生下で海藻を食べる映像が得られたのは確かに新しいかもしれないが、これでは胃内容物を調べるだけで十分じゃないかと言われてしまう。再度ビデオ映像を確認してみるが、海藻以外には稀にクラゲを食べるくらいで、あとは餌以外のもの（鳥の羽や陸上植物の葉っぱ、レジ袋などの漂流ゴミ）を時々飲み込んだり、魚が何時間もアオウミガメの周りをウロウロしているだけであった。

「いったいアオウミガメの何が分かったのだろう…」そう考え込んでいるところに、「ビデオ映像の方はどうだ？」と先生。「えーっと、海藻を食べるところがいっぱい映ってましたけど…」「それはなんだか普通だよなあ。ほかに何か面白いものは食べてなかったのか？」「ですよねー。海藻以外は稀にクラゲを食べるくらいですかね。あと時々ゴミとか食べてましたけど…」「それだよ！ゴミを食べてたなんて重要なことじゃないか！」「え？…ああ！　そういえばアカウミガメは食べてませんでしたね！」アカウミガメに取り付けたビデオカメラには、レジ袋に遭遇したウミガメがそれをじっくりと見定めた後に、飲み込まずに通過する様子が映っており、論文として報告されていた（図2－14）。

採餌生態にこだわりすぎて見落としていたが、確かに遭遇したゴミをどれくらいの割合で飲み込むのかはビデオ映像だからこそ分かることだった。そして、ゴミを飲み込む割合がウミガメの種類によって違う理由が分かれば、それは間違いなく新しい発見である。そうした別の観点からビデオ映像を見直してみると、あれだけ文句を言っていた海藻に埋もれての休息も〝野生動物の休息行動〟というこれまでほとんど解明されていない貴重な映像であることが分かってきた。このように、ビデオ映像にはもともと注目していたこと（今回では餌生物）以外にも様々なものが映り込んでくる。そのため、新たな見方をすることで、何度でも新しい発見ができる宝の山だと思っている。

そして、最後にもう一つ。ビデオ映像の一番の武器は〝誰にでも分かりやすいこと〟だと思う。講演会でも、一般の方々から「ビデオ映像が面白くて分かりやすかった」とか、子どもたちから「カメさんが泳いでいるところがかわいかった！」という感想をよくもらう。水族館のイルカショーを見てイルカトレーナーにあこがれる子どもがいるように、動物目線のビデオ映像を見て動物を好きになったり、環境に興味をもったという人が出てくる日が来れば嬉しい限りである。そのためにも、動物って面白い！と思ってもらえるような研究結果をこれからも伝えていきたい。

参考文献

Takuya Fukuoka, Tomoko Narazaki and Katsufumi Sato. Summer-restricted migration of green turtles (*Chelonia mydas*) to a temperate habitat of the northwest Pacific Ocean. ***Endangered Species Research*** 28：1–10 (2015).

Christopher D. Marshall, Alejandra Guzman, Tomoko Narazaki, Katsufumi Sato, Emily A. Kane and Blair Sterba-Boatwright. The ontogenetic scaling of bite force and head size in loggerhead sea turtles (*Caretta caretta*): implications for durophagy in neritic, benthic habitats. ***Journal of Experimental Biology*** 215：4166–4174 (2012).

Christopher D. Marshall, John Wang, Axayacatl Rocha-Olivares, Carlos Godines-Reyes, Shara Fisler, Tomoko Narazaki, Katsufumi Sato and Blair D. Sterba-Boatwright. Scaling of bite performance with head and carapace morphometrics in green turtles (*Chelonia mydas*). ***Journal of Experimental Marine Biology and Ecology*** 451：91–97 (2014).

Tomoko Narazaki, Katsufumi Sato, Kyler J. Abernathy, Greg J. Marshall and Nobuyuki Miyazaki. Loggerhead turtles (*Caretta caretta*) use vision to forage on gelatinous prey in mid-water. ***PLoS ONE*** 8：e66043 (2013).

Tomoko Narazaki, Katsufumi Sato and Nobuyuki Miyazaki. Summer migration to temperate foraging habitats and active winter diving of juvenile loggerhead turtles *Caretta caretta* in the western North Pacific. ***Marine Biology*** 162：1251–1263（2015）.

Hideaki Nishizawa, Tomoko Narazaki, Takuya Fukuoka, Katsufumi Sato, Tomoko Hamabata, Masato Kinoshita and Nobuaki Arai. Genetic composition of loggerhead turtle feeding aggregations: migration patterns in the North Pacific. ***Endangered Species Research*** 24：85–93（2014）.

Hideaki Nishizawa, Tomoko Narazaki, Takuya Fukuoka, Katsufumi Sato, Masato Kinoshita and Nobuaki Arai. Juvenile green turtles in the northern edge：mtDNA evidence of long-distance westward dispersals in the Northern Pacific Ocean. ***Endangered Species Research*** 24：171–179（2014）.

Katsufumi Sato. Body temperature stability achieved by the large body mass of sea turtles. ***Journal of Experimental Biology*** 217：3607–3614（2014）.

田中秀二、佐藤克文、松沢慶将、坂本亘、内藤靖彦、黒柳賢治. 胃内温変化から見た産卵期アカウミガメの摂餌. ***Nippon Suisan Gakkaishi*** 61：339–345（1995）.

3章

冷たい深海でクラゲを食べるマンボウ

（中村乙水）

マンボウという魚

マンボウというへんてこな魚がいる。マンボウを見たことがない人でもその名前を聞けば、普通の魚の後ろ半分を切り落としたような独特の形を思い浮かべることができるだろう。英語では「スイミング・ヘッド（泳ぐ頭）」という俗称もあるくらいだ。この不思議な形をした魚は昔の日本人にとっても興味深いものだったようで、江戸時代に記されたマンボウ専門書とよぶべきものがいくつもある。幕府の医者であった栗本丹州が記した『翻車考《まんぼうこう》』には、大きなものでは2丈（約6ｍ）にもなると書いてあるが、実際に正確に計測された最も大きな記録は全長3ｍほどである。それでも体重2ｔを超えるものが報告されており、マンボウは硬骨魚類の中では世界で一番大きくなる。マンボウは鱗がザラザラで鮫肌のようであることから地域によってはマンボウザメなどとよばれたりするが、歯がクチバシ状になっていることや背びれと尻びれを使って泳ぐことなどフグに似た特徴をもつようにフグの仲間（フグ目）に属する魚である。『翻車考』にも「口ハ窄ミ河豚ノ如シ」と書いてあり、昔の人もフグの仲間であることを見抜いていたようだ。この『翻車考』は国立国会図書館デジタルコレクションでウェブ上に公開されており、誰でもインターネットを通じて閲覧することができる。水戸藩医の原南陽が記した『査魚志《まんぼうし》』には、海面に浮いている大きなマンボウに漁師が何人も乗っかって、腹を切り裂いて腸を取っている様子が描かれている（図3－1）。『査魚志』は国立公文書館に所蔵されており、申請をすれば誰でも現物に触れることができる。触ってみるとマンボウの肌のザラザラな質感まで表現されており、一見の価値ありだ（図3－2）。

『査魚志』ではマンボウが浮いているさまを「横ニ平メニナリテ海上ニ眠ル」と表している。海面で浮いているのはマンボウの象徴的な行動だ。この浮いて動かない姿から、マンボウは海面を漂うプランクトン的な生活を送っていると考えられてきた。ちなみに、プランクトンとは水中に漂っている肉眼では見えないような微小な生物のことと思っている人は多いだろうが、プランクトンとは浮遊生活という生活様式を指す言葉だ。どんなに大きくても浮遊生活を送っていればプランクトンなのである。しかし、マンボウに深度計を取り付けて行動を調べてみると、なんと深度800mを越える深さまで潜ることもあることが判明した。マンボウが海面に浮かんでいる姿は、生活の一部を見ていたにすぎなかったのだ。しかし、深いところで何をしているかまではずっと分かっていなかった。研究者たちは餌を食べているという予想をしてきたが、もちろんそんな深いところでマンボウを目撃した人はいない。私は大学院での研究課題として、マンボウの生態の解明に取り組み、マンボウにカメラを取り付けることで、マンボウが深いところでクダクラゲ類という変わった形のクラゲを食べていることを世界で初めて明らかにした。

図 3-1　海面に浮かぶ巨大なマンボウを捕らえ、飛び乗って腹を切り裂き腸を取り出す漁師たち
（原南陽著『査魚志』国立公文書館所蔵）

図 3-2　紙の表面を加工してマンボウの肌のザラザラ感を表現している

私のマンボウ研究の始まり

私は子どもの頃からカメが好きでカメの研究がしたかった。なので、受験案内のパンフレットにウミガメの写真が載っていたという安直な理由で、京都大学の農学部に入った。しかし、4年生時の研究室配属の時に、入りたかったウミガメの研究をしている研究室に入ることができなかった。次に興味があった魚などの研究をしている研究室にも既に空きがなく、残るは海洋細菌の研究をしている研究室しか選択肢がなかった。肉眼では見えないような細菌のあれこれを機械で測るような研究にどうしても興味をもてなかった私は、幸い卒業論文が必修ではなかったので京都大学では研究室に入らず、違う大学の大学院に行くことに決めた。そこで、動物に記録計を取り付けて行動を調べるバイオロギングの研究をしている東京大学海洋研究所の佐藤克文准教授（当時）の研究室がウミガメの研究をしていることを知り、コンタクトを取ってみた。ウミガメの研究がしたいと言ったが、既にやっている人がいるのでネタが被るからダメだと言われた私に提案された研究対象は、シロザケかマンボウだった。シロザケは高級品であるイクラが採れるので水産的に価値が高く、たくさん研究されているのに対して、マンボウはあまり価値がないのでほとんど研究されておらず謎だらけであった。マンボウの研究をして博士号を取れば『どくとるマンボウ』になれる、なんて言われるまでもなく、面白いのは間違いなくマンボウだと思い、迷うことなくマンボウの研究をすることに決めた。余談だが、私の携帯電話のメールアドレスは高校卒業時からマンボウの学名である「モラ・モラ」にちなんだものを使っている。アドレスを決めた時にはまさか自分が将来マンボウを研究することになるとは思ってもみなかった。

研究のために漁師になる

2009年に大学院に入った私は、当時佐藤研究室のあった岩手県の大槌町に移り住んだ。岩手の沿岸では定置網漁が盛んで、リアス式とよばれる複雑に入り組んだ海岸線の突き出た半島の近くにはもれなく定置網が設置されている。定置網で獲れるマンボウは地元のスーパーの鮮魚コーナーに並ぶポピュラーな食材だ（図3－3）。しかし、漁獲されたマンボウは漁船の上で解体され肉と内臓だけが水揚げされて市場に並ぶため、町の人の中にはマンボウを食べたことはあるが姿全体を見たことはないという人も多い。ちなみにマンボウの肉は、独特な外見に違わず、水っぽくブヨブヨしていて普通の魚とはかけ離れた独特の食感である。マンボウを食べると言うとどんな味がするのかとよく尋ねられるが、何とも形容し難い味なのでマンボウ味と答えることにしている。強いて言えば、ホタテの刺し身から甘みを除いたような味と食感である。マンボウの行動を研究するためにはマンボウを生け捕りにしなければならないが、泳いでいるマンボウを船で探し回って生け捕りにするのは時間もかかるし難しい。マンボウの研究を始めるにあたって、

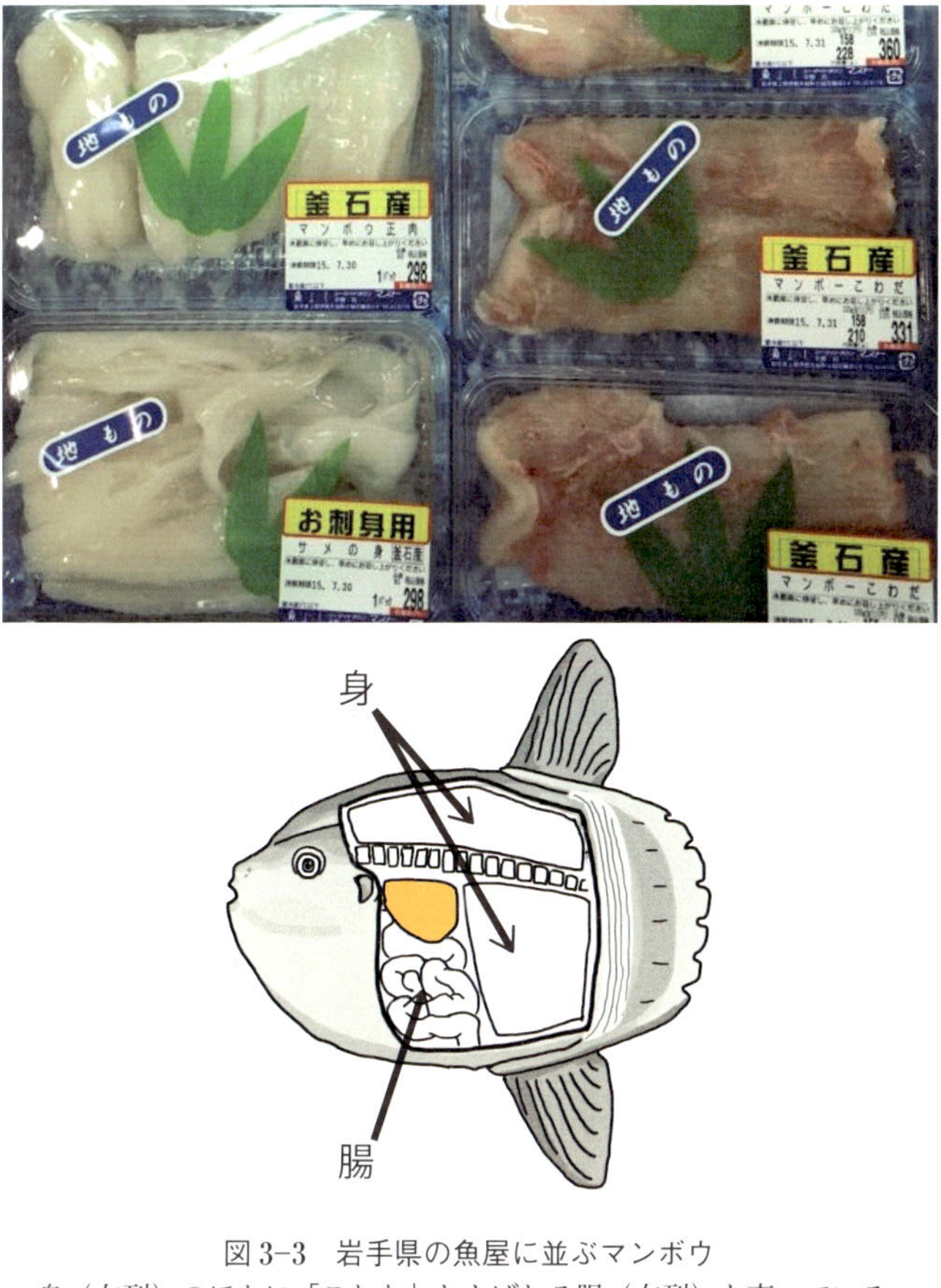

図3-3　岩手県の魚屋に並ぶマンボウ
身（左列）のほかに「こわた」とよばれる腸（右列）も売っている。

私はまずは地元の定置網漁に乗せてもらおうと考えた。

定置網漁は、魚の通り道に垣網とよばれる網をカーテンのように設置し、垣網に沿って泳いできた魚をその終点に張った袋状の網の中に誘い込んで獲るという受動的な漁法である。網の入り口に返しのような網が付いていて魚が出て行きにくいようにはなっているが、入り口は常に開いているため、入ってきた魚の一部はそこからまた出て行くこともある。そのため、魚の群れを一網打尽にしてしまうことがなく生態系に負荷の小さい漁法であるといわれている（図３−４）。水温の影響か海流のせいなのか網の中にマンボウが入っているかどうかは気まぐれで、ある日は巨大なマンボウがひしめき合っているのに、次の日には１匹も獲れなかったりする。マンボウがいつ獲れるのかその動向を把握したいと思い、私は毎日定置網漁に通うことにした。毎日通っていると、水族館でも生きている姿はみられないような外洋性のサメやマグロ、カジキなど、マンボウ以外にも様々な大きな魚が獲れる。生きているメカジキやヨシキリザメは目が醒めるような青色をしていて、何度見ても美しくて感動する。子どもの頃ボロボロになるまで読んでいた魚図鑑に載っていた姿とはまったく違う。それらの魚は死ぬと立ちどころに色が変わっていって黒っぽくなってしまう。魚図鑑に描かれているような姿は陸に揚げられた死んだものをもとに書かれているので、生きた色は再現できなかったのだろう。

漁師の朝は早い。というのも、魚市場は朝早くから開くが、それまでに魚を市場へ持って帰ってこなければならないからだ。私の通った漁協では三つの定置網を設置しており、網の場所に行

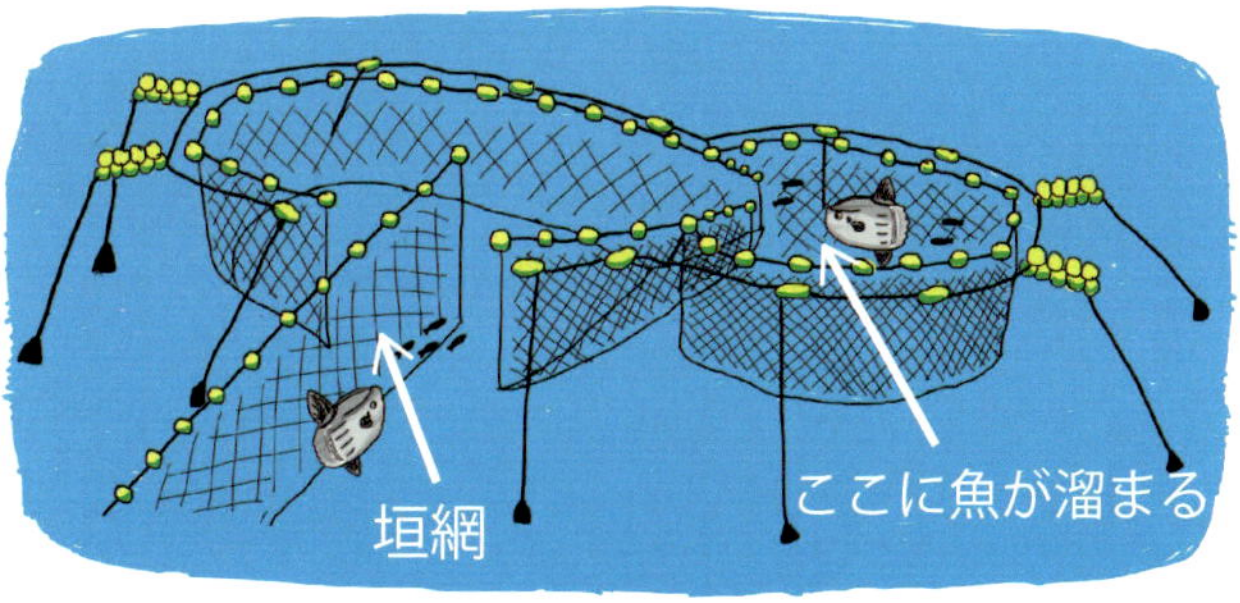

図 3-4　定置網の模式図
垣網に沿って泳いできた魚が網に入り奥の方に溜まる。

くのに30分、網一つ起こすのに大体1時間ほどかかるため、漁には最低4時間はかかる。出港時間は午前2時なので、1時には起きなければならない。眠い目を擦りながら漁師が集う番屋に行き、漁師合羽を着込んで漁船に乗り込む。当然まだ真っ暗だ。網にたどり着くと船べりに漁師が一列に並んで力を合わせて網を引き、魚の溜まるところの網を絞っていく。網が絞られてくるとサバの大群がものすごい勢いで逃げ惑ったり、スルメイカの大群が白く大きな玉になっているのが見えてくる。その中でも船のライトに照らされて白くぼーっと浮かび上がる一際大きな魚影がマンボウだ（図3－5）。毎朝漁に通っていると、だんだんと自分の定位置や役割が決まってくる。指示される前に、魚を入れる船倉にホースで水を入れたり、網を素早くロープで船べりに結びつけたりできるようになると、漁船の乗組員の一員になったような気がした。

図 3–5　定置網の中に浮かび上がるマンボウ（中央の白っぽい塊）

海面と深いところを往復するマンボウ

マンボウが海の中で何をしているかというデータを取るには、生け捕りにしたマンボウに装置を取り付けて放し、データを蓄えた装置をなんとかして回収しなくてはならない。一度放したマンボウはどこへ行くのか分からないので、再び捕獲するのは不可能に近い。そこで、放流したマンボウから装置だけを切り離して、海面に浮かんだ装置を船で探して回収するという方法をとった。実験を開始した当初はマンボウが遠くに行ってしまわぬよう、半日くらいで装置を切り離していた。

マンボウに装置を取り付ける時は、網の中にいるマンボウにロープを掛けて船上に揚げてもらい、マンボウの背中に手早く装置を取

図 3–6　私にとって記念すべき初マンボウ

り付けて、すぐに網の外に放す。装置を用意して船に乗っても、肝心のマンボウが獲れるかどうかは分からない。1年目の2009年には放流すると決めた日にフリスビーよりも少し大きいくらいの小さいマンボウしか獲れず、しかたなく小さいマンボウに装置を付けて放した（図3－6）。小さいマンボウは深い深度まで行かず浅い海底付近をふらふらしていることが分かったが、やはり大きなマンボウのデータが欲しい。翌年は1年目の経験からマンボウの獲れる日を予測したところ、読みが大当たりし、放流日には2mを超える大きなマンボウが網の中を何匹も泳いでいた。あまりにも大きなマンボウに臆してしまい、「その中くらいのやつにしてください。」と漁師に言って1mほどの中くらいのマンボウを船に揚げてもらい、深度や遊泳速度を計

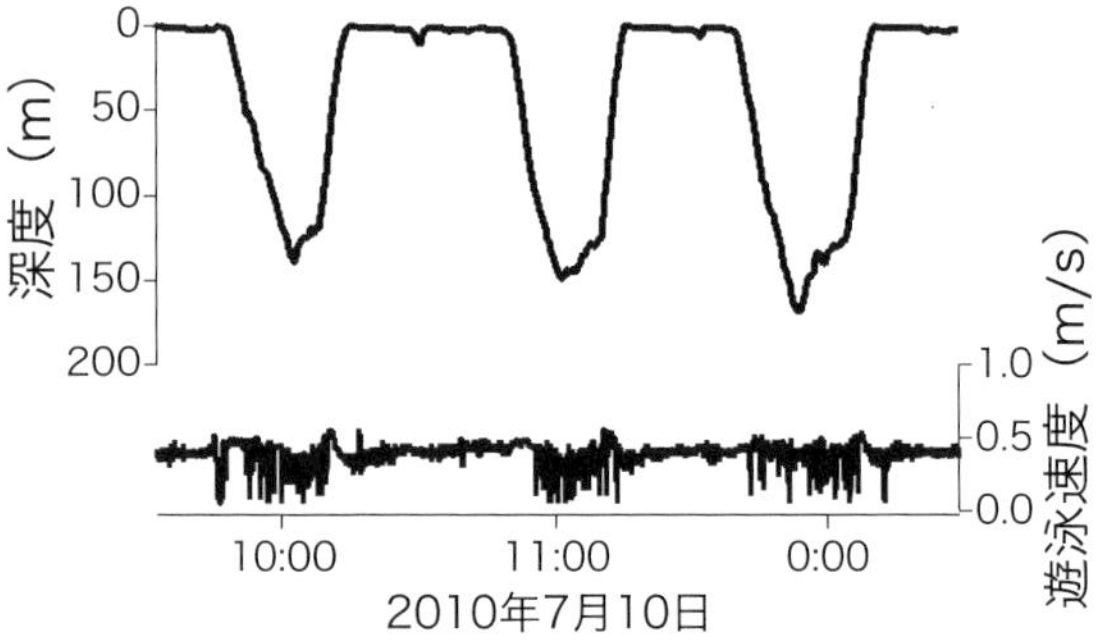

図3–7　全長1m弱のマンボウから得られた深度と遊泳速度のデータ
マンボウは海面と深いところを往復していた。深くまで潜った時に遊泳速度がよく変化していたので、深いところで餌を食べているのではないかと考えた。

測する装置を取り付けて放した。このマンボウは海面にしばらく浮かんだ後に深度100m以深まで潜ることを繰り返していた（図3－7）。この潜っている間に、泳ぐ速さが遅くなる行動が何度もみられた。これは餌を食べる行動だろうと思ったが、この時はカメラを付けておらず、本当に餌を食べているのかはまだ分からなかった。

カメラに写ったマンボウの食事

次は、マンボウが深いところで餌を食べる証拠を画像に収めてやろうと考えた。しかし、海の深いところは真っ暗闇で普通に画像を撮っても何も写らない。そこで、カメラにはシャッターと同時に光るLEDの光源を付けて深いところでも餌が写るように工夫した（図3－8）。しかし、そんな目標をもった矢先の2011年に東日本大震災が起こり、津

図3-8　マンボウに取り付けたカメラ
光源を付けることで深いところで何を食べているかを写そうと考えた。

波によって岩手県の沿岸は大きな被害を受けたため調査を行えなくなってしまった。しかし、翌年には定置網漁は見事復活を果たし、またマンボウの調査ができるようになった。私が「どくとるマンボウ」になれたのは、ひとえにこの時津波の被害に負けずに迅速に定置網を復活させた漁師たちのおかげである。２０１２年にはこれまでで最大の２ｍのマンボウに深度や遊泳速度を計測する装置と光源付きカメラを付けて放すことができた（図３－９）。この時はまだマンボウが昼夜どちらに餌を食べているのか分からなかったので、昼も夜も撮り続けられるように30秒に１枚画像を記録するようにカメラをセットした。また、マンボウが遠くに行ってしまっても装置を回収できるように、衛星発信器を使って浮かんだ装置の位置が人工衛星経由で分かるように工夫し、１週間の長期データを取

図 3-9　カメラを付けた全長２ｍの大きなマンボウ

ることに挑戦した。この時、重要なのが回収に行く時の海況である。天気予報は翌日の天気はかなりの精度で当たるが、１週間後となるとなかなか予報通りとはならない。毎日、天気図とにらめっこしてできるだけ波のなさそうな日を、勘を頼りにえいやと決めた。ぼーっとしているように見えるマンボウだが、数日で直線距離にしてなんと２００㎞も移動し、回収航海は片道10時間もかかった（図３－10）。

苦労して回収したカメラには１匹につき１万５０００枚ほどの画像が記録された。順に画像を見ていくと、マンボウが海面にいた間は明るかった画像が、マンボウが潜るに従って暗くなっていった。そして、ずーっと真っ黒の画像が続いた後にマンボウの口元に何か見慣れない生物が写っている画像が現れた。

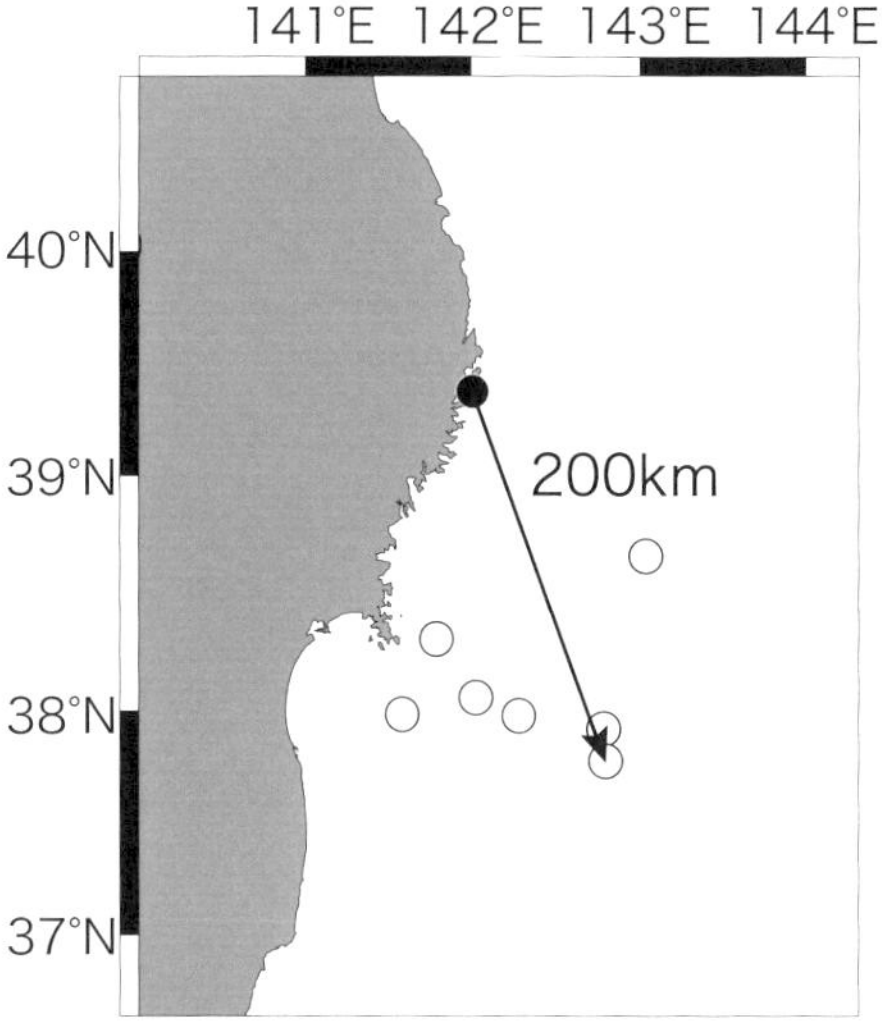

図3-10　2012年と2013年に放流した7匹のマンボウが4〜6日間で移動した先（黒丸：放流地点、白丸：マンボウが移動した先）
一番遠くに行ったものは直線距離で200kmも移動した。

写っていたのは細長い数珠つなぎのような形をしたクダクラゲ類だった（図3－11）。予想していた餌は、傘の下に触手が生えているようないわゆる普通のクラゲらしい形をしたハチクラゲ類や、ラグビーボールのようなクシクラゲ類であり、クダクラゲ類を食べるのは予想外だった。クダクラゲ類は群体性のクラゲであり、個虫とよばれるそれぞれ独立した個体がずらずらとつながって群体を成して暮らしている。群体を形成する個々の個虫は役割によって異なった形態をもち役割分担をしているという変わった生き物だ。先頭には推進力を生み出すものがいて、その後ろに餌を捕る役割を担うものが長

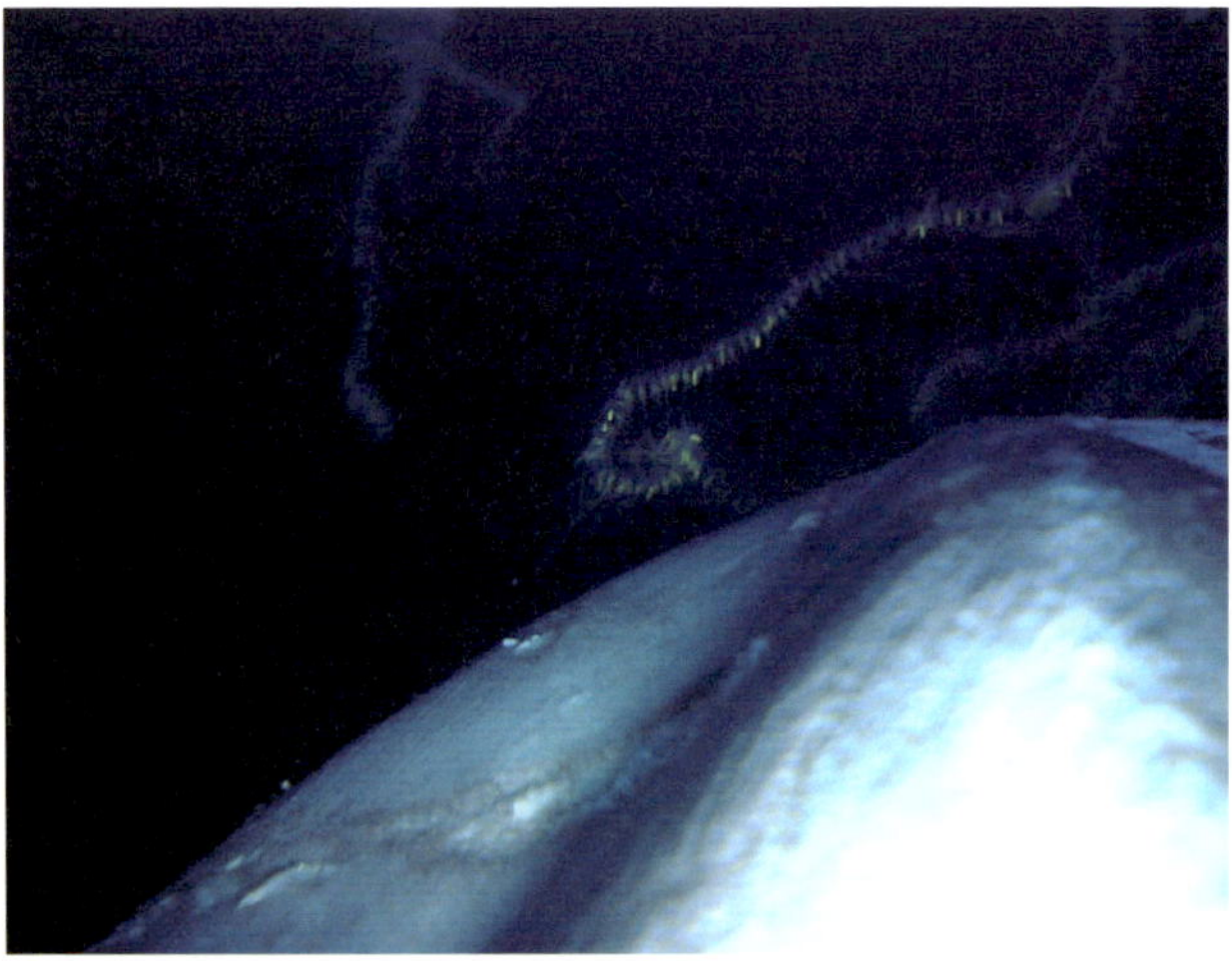

図 3-11　マンボウの背中に取り付けたカメラに写ったクダクラゲ類（アイオイクラゲの仲間）とマンボウの採餌の想像図

く連なって数珠つなぎのような形をつくっているのだ。その群体は大きいものでは全長数十mにもなり、史上最大の動物であるシロナガスクジラよりも長い、動物で最長なのではないかともいわれている。マンボウを解剖して胃内容物を調べた研究でも、深いところに棲むクダクラゲ類が餌として報告された例はない。クダクラゲ類は容易にバラバラになってしまい、認識できる形で残りにくいからではないだろうか。ハチクラゲ類やクシクラゲ類はせいぜい数枚写ったのみで、写っていた餌の9割以上はクダクラゲ類だった。マンボウの餌について、『翻車考』には「水母《くらげ》ヲ好ンデ食イ、他ノ物食ワズ」と書いてあり、『査魚志』にも「常ニ水母ヲ食スルノ外餌スル所ナシ」なんて書いてある。しかし、マンボウの主食はクラゲの中でもクダクラゲ類だということがマンボウにカメラを取り付けることで初めて明らかとなったのだ。

クラゲの一部だけ食べる

数日間のデータを取ってみるとマンボウには昼と夜で行動が異なる日周性があることが分かった。前述の通り、マンボウは海面にしばらく浮かんだ後に深度100m以深まで潜ることを繰り返していたのだが、この行動は昼間のみにみられ、夜は浅いところを漂っているだけだった（図3－12）。餌の画像は昼間の深いところでのみ写っていた。30秒に1枚の画像によって、何を食べているかは分かったのだが、30秒以内に餌を食べ切ってしまうようで、餌を食べる時の様子ま

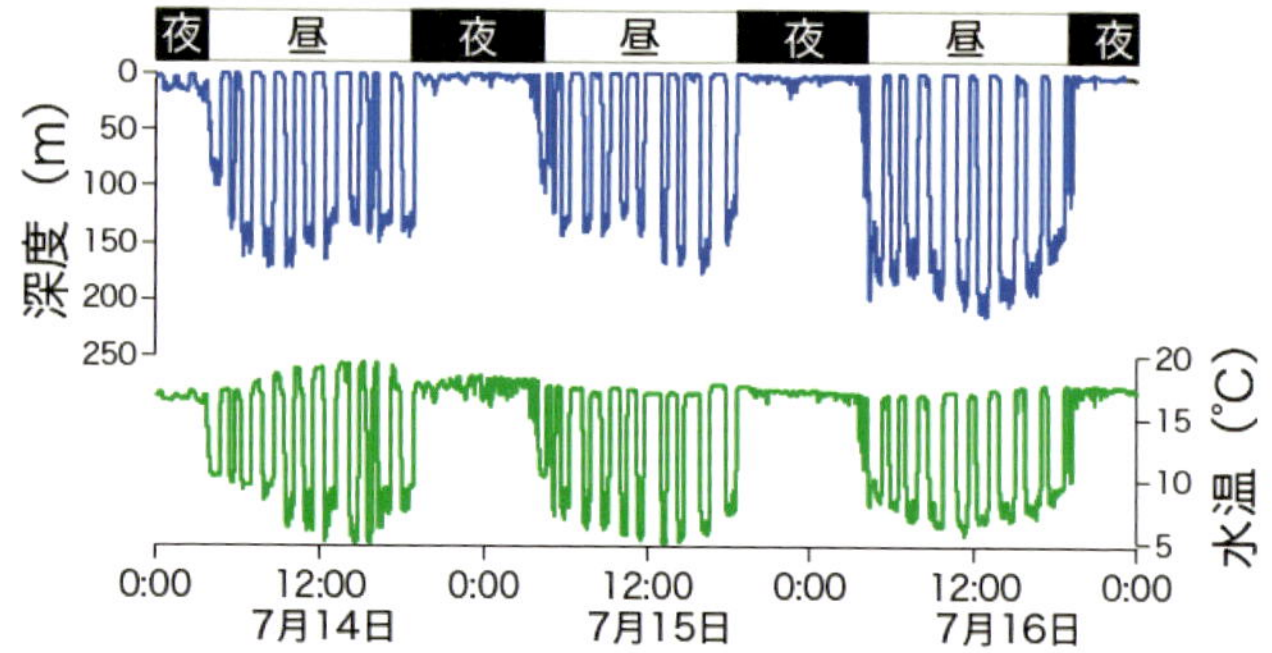

図 3‒12　3日間のマンボウの深度データ（上）とその時の水温（下）
数日間のデータを取ることでマンボウが昼間にしか深いところまで潜らないことも分かった。深度 100 m 以深では水温が 5～10℃しかない。

では分からなかった。そこで、翌年の２０１３年にはカメラの設定を変えて、50mより深いところでのみ4秒に1枚写真を撮るようにし、餌を食べる時の一連の連続写真を撮ってみようと考えた。連続写真からはさらに面白いことが分かった。クダクラゲ類を食べる時は啜《すす》るように食べるようで、長いクラゲの身体がだんだんと短くなっていく様子が見て取れた（図３－13）。さらに面白いことに、大型のハチクラゲ類であるキタユウレイクラゲを食べる時、クラゲに齧《かじ》り付いたマンボウはクラゲ全体を食べるかと思いきや、ある程度食べると残してしまうことが分かった（図３－14）。この時、残されたクラゲの部位を見ると、傘の部分だった。クラゲの身体の各部位のカロリーを測った研究によると、クラゲの中で栄養が多く含まれているのは、生殖腺と口腕であり、傘の部分は最もカロリーが低いらしい。マンボウはクラゲのカロリーが多いところだけを好んで食べるようだ。動物にとって嬉しいのはカ

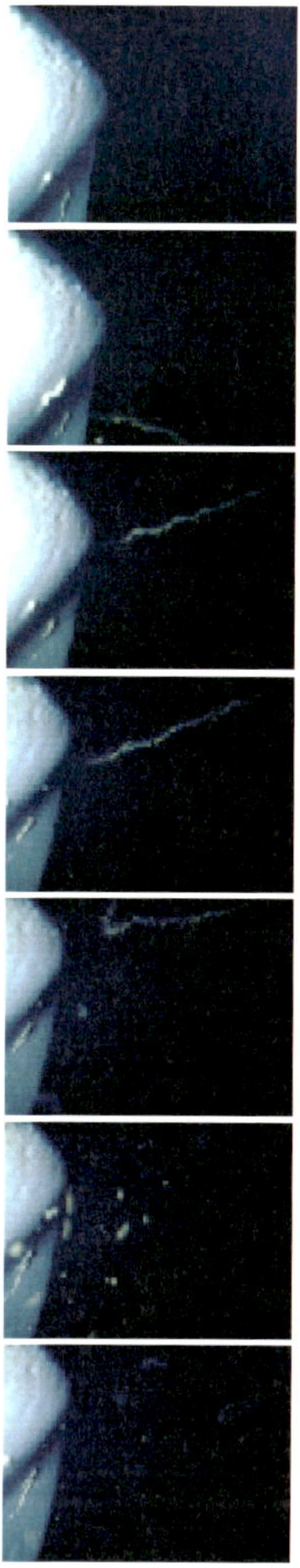

図3−13　クダクラゲ類を食べるマンボウ
2013年撮影。動画あり

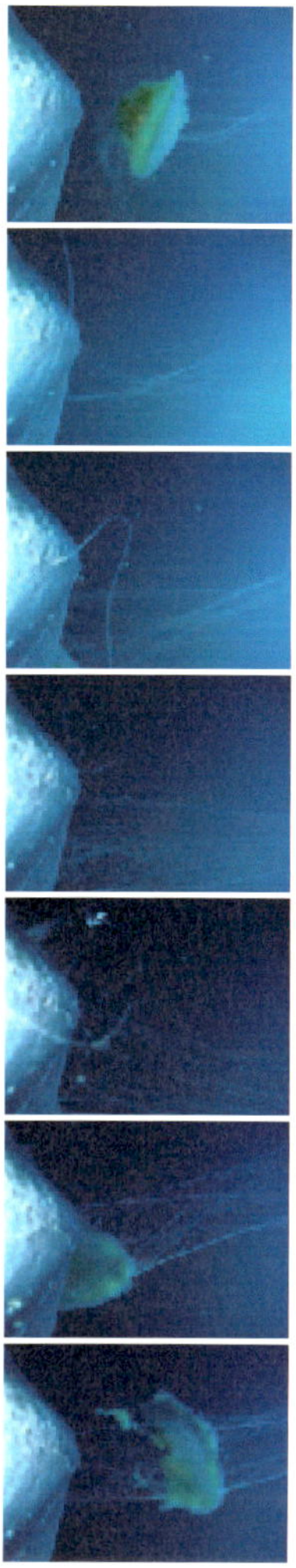

図3−14　キタユウレイクラゲを食べるマンボウ
2013年撮影。動画あり

ロリーが多い餌であるはずだが、せっかく捕まえた餌を捨ててしまうのは不思議である。マンボウの餌は深いところに豊富に存在しいくらでも捕まえられるけれども、食べられる量には限りがあるので、カロリーが多いところだけを選択的に食べるのではないだろうか。餌の一部だけを食べるなんていう餌を食べるプロセスが分かるのも、動物にカメラを取り付けるという方法で初めて明らかになったことである。

マンボウはなぜ海面に浮かぶのか?

マンボウは1日に何度も海面と餌のある深いところを行き来しているのだが、深いところで餌を食べるのになぜ海面に戻ってくるのだろうか? マンボウは魚である。当然、鰓呼吸なので息継ぎは必要ない。マンボウが海面に浮いている様子は『翻車考』や『査魚志』の中でも紹介されているし、マンボウの英名である「オーシャン・サンフィシュ(海の太陽の魚)」は浮いている状態を日光浴に見立てたことに由来するという。一説には体表に付いている寄生虫を海鳥に取ってもらうためともいわれているが、果たして潜るたびに毎回取ってもらわないと困るほど寄生虫が付着するものだろうか? しかも、海で浮いているマンボウに遭遇しても多くの場合、鳥の姿は見当たらない。寄生虫を除去するためという説はどうにも怪しい。

風呂にお湯を張ってしばらく置いておくと表面は温かいままでも、底の方がぬるくなっていたりする。温かい水ほど密度が小さいからだ。同じように海も深いところほど水が冷たい。マンボウが経験した水温を見ると、海面では水温17℃なのに対して、主に餌を食べていた深いところでは、周りの温度はわずか５～10℃である（図３－12）。水温５℃といえば寒中水泳でも珍しいほどの冷たさで、人間の生存可能時間もせいぜい数十分以内だろう。マンボウは体温調節を外部の温度に頼っている外温動物なので、深いところで餌を食べている間に体温が下がってしまうはずだ。海面に戻るのは冷えた身体を温めるためではないだろうか？という仮説を立てた。そこで、２０１３年には、放流するマンボウにカメラと同時に体温計も取り付け、マンボウの体温の挙動を測ってみることにした。

どうしたらマンボウの体温を測れるだろうかと思案した。たとえば、魚であるマグロの体温を測る時には腹に穴を開け、腹腔内に温度計を入れてから縫い合わせて閉じる。しかし、マンボウで同じことをやろうとするとマンボウの体の構造が邪魔をする。大きなマンボウでは、皮が厚いところでは10㎝以上、薄いところでも５㎝くらいもあり、しかも硬くて柔軟性がまったくない（図３－15）。マンボウは骨が柔らかくて包丁でスパスパ切れるくらいの硬さだが、皮もその骨と同じくらいの硬さがある。マンボウは外骨格をもっているようなもので、身体に柔軟性がないのだ。なので、切り開いてしまうと縫い合わせることなんてできない。ちなみにこの分厚いマンボウの皮は、天日干しにするとペラペラの紙のようになる。マンボウの皮は保水力抜群なのだ。マンボウは身にも水分が多く、普通の魚が７割なのに対して、マンボウの身体の８割は水でできて

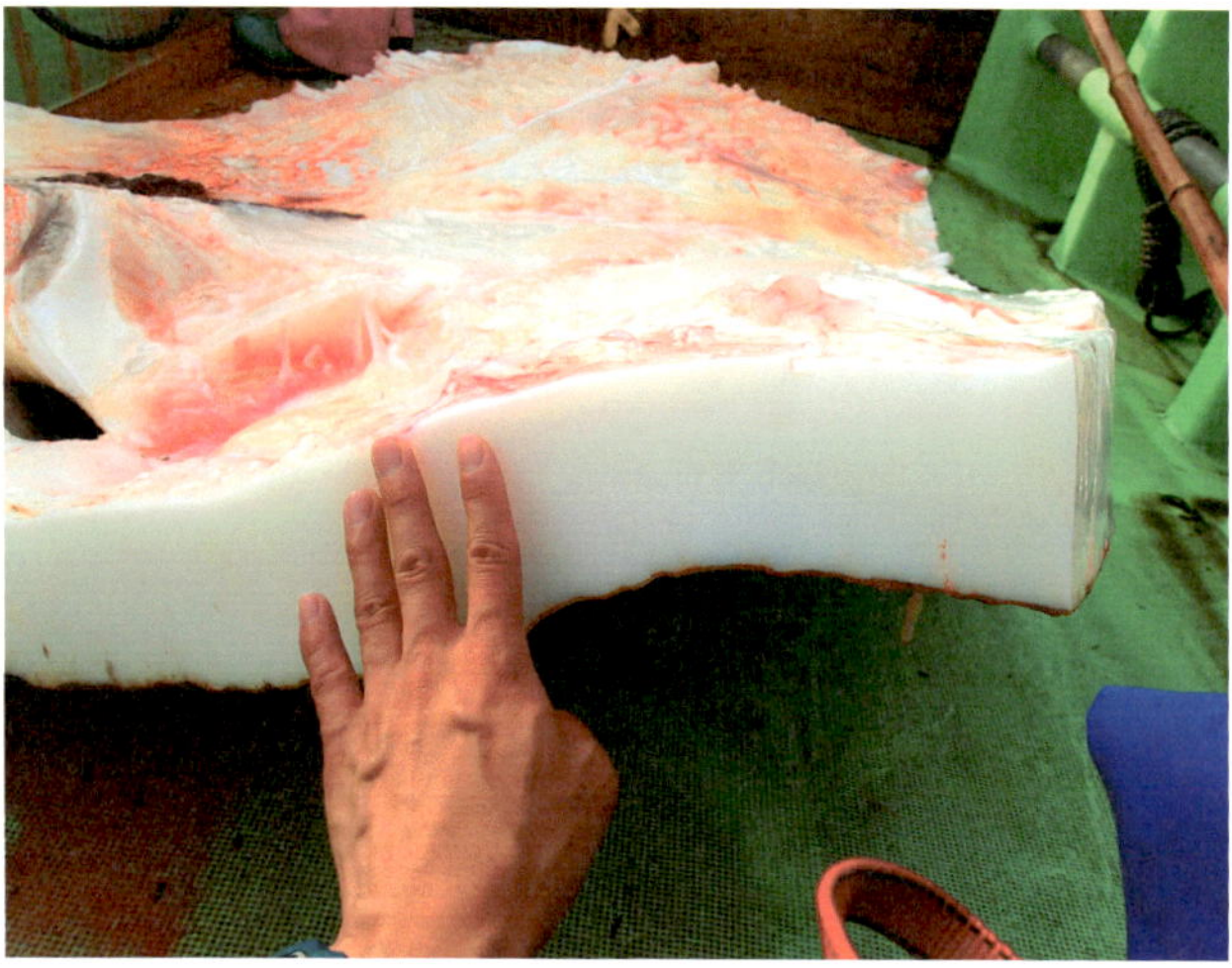

図 3-15　マンボウの分厚い皮
かなり硬めのナタデココのような感触をしている。

いる。鰾《うきぶくろ》をもたないマンボウでは、この身体に含まれる多量の水が身体を浮かすのに一役買っていると考えられている。塩分の濃い海水に比べて、マンボウの身体に含まれる塩分の薄い水は密度が小さいので、海の中では浮くのだ。実際、マンボウの皮を海に放り投げてみるとプカプカと浮く。ほかに体温を測る方法としては、ウミガメでは口から温度計を飲み込ませて胃の中に入れる。しかし、魚の口は二段構えになっていて、口（顎）から入ったものはすべて胃の中に入るわけではない。キンギョが水槽の底に落ちた餌を食べる時に、砂ごと餌を飲み込んで鰓孔から砂だけを排出する姿を想像して欲しい。口に何かを押し込んでも食べ物以外は鰓孔から排出されてしまうのだ。特にマンボウは口が小さくて喉の奥にある食道の入り口は外からまったく見えないので、マンボウの体内に温度計を押し込むことは不可能に近い。そして、やはりこれらの温度計も回収しなくてはデータが取れないので、体内に温度計を入れてしまうとマンボウを再び捕獲することでしか回収することができない。そこで、マンボウの背中に装置を取り付ける時に、小さな穴を開け、テグスくらいの細さの温度計のセンサーだけを身体の中に差し込むことを思いついた。マンボウに刺さっている間は体温を計測し、マンボウから装置が外れる時にはスルッと身体から抜けて温度計も回収できるはずだ。

実際、この方法はうまくいって目論見通りマンボウの体温を測ることができた。マンボウの体温は確かに深いところで餌を食べる間にじわじわと下がっていた。マンボウは身体が大きいのでなかなか冷めないのだ。それに加えて、とても分厚いマンボウの皮も熱を逃さない断熱材として一役買っているのではないだろうか。マンボウの体温は深いところの水温と同じ温度まで下がることはなく、ある程度体温が下がるとマンボウは海面に戻り、下がった体温は海面で浮いている間に回復していた（図３－16）。予想通り、マンボウが海面に戻るのは冷えた身体を温めるためだったのだ。

温まる方が速い？

深いところにいる間に体温の下がる様子と海面での体温の上がる様子を比べると、不思議なこ

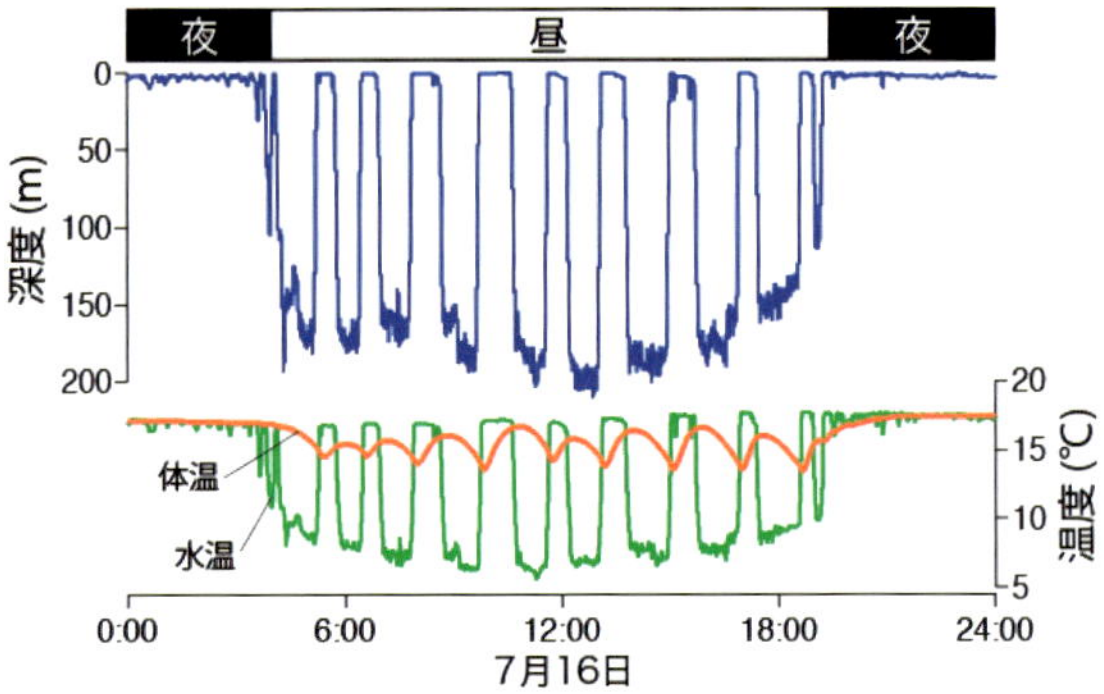

図 3-16　水温変化に対するマンボウの体温の変化
深く潜って冷たい水の中にいる間に体温も下がってくる。その後、海面に戻ってしばらく浮いている間に体温が回復する。

とに気づいた。ある温度の物体を温度の異なる水に入れると物体と水との間で熱の交換が起こるが、温度差が大きい時ほど物体の温度は急速に変化し、温度差が小さくなると温度の変化は緩やかになる。マンボウの体温は海面の温度に近いので、この法則に従うとすると、温度差が大きな深いところでは体温が速く低下し、温度差が小さい海面ではゆっくりと上昇するはずである。ところが、マンボウの体温は深いところでも海面でも同じくらいの速さで変化しているように見える。つまり、温度差に対する体温の変化は、体温を回復する時の方が大きいということである。マンボウと水との間の熱交換効率を計算してみると、マンボウは温まる時には冷える時よりも熱交換効率が3倍以上大きいことが分かった。これはつまり、海面にぼーっと浮いているだけでなく、何らかの生理的な調節を行って積極的に熱を取り込んでいるということを意味する。本当に生理的な調節をしているかを確かめるために、すぐさま次の日に定置網漁から小さいマンボウの死体を持って帰ってきて、海面に見立てた温かい水と深いところに見立てた冷たい水にマンボウの死体を交互に浸けて体温の変化を測ってみた。すると、生きているマンボウと同じような周期で温かい水と冷たい水に浸けても、マンボウの死体では体温が回復しきらず、ちょうど温かい水と冷たい水の中間くらいの体温に収束していった。水との間の熱交換効率を計算してみると、生きているマンボウとは異なり、冷える時と温まる時で同じくらいの熱交換効率だった。つまり、生きているマンボウは体温を回復する時に、何らかの生理的な調節によって熱の交換を活発にしていることが証明された。この生理的な調節のメカニズムはまだ解明されていないが、表面積の大きい鰓がラジエーターのように働き、鰓を通る血液の流量を多くすることで周りの海水との熱の交換を活発にしているのではないかと考えている（図3－17）。この積極的な熱の取り込みによってマンボウは体温の回復に必要な時間を短縮し、深いところで餌を食べる時間を増やしているのではないだろうか。

マンボウはなぜ大きいのか？

大きな物体は小さな物体に比べて冷めにくいという物理法則がある。したがって、小さなマンボウは体が早く冷えてしまう。そのため、冷えきってしまう前に頻繁に海面に戻る必要がある。

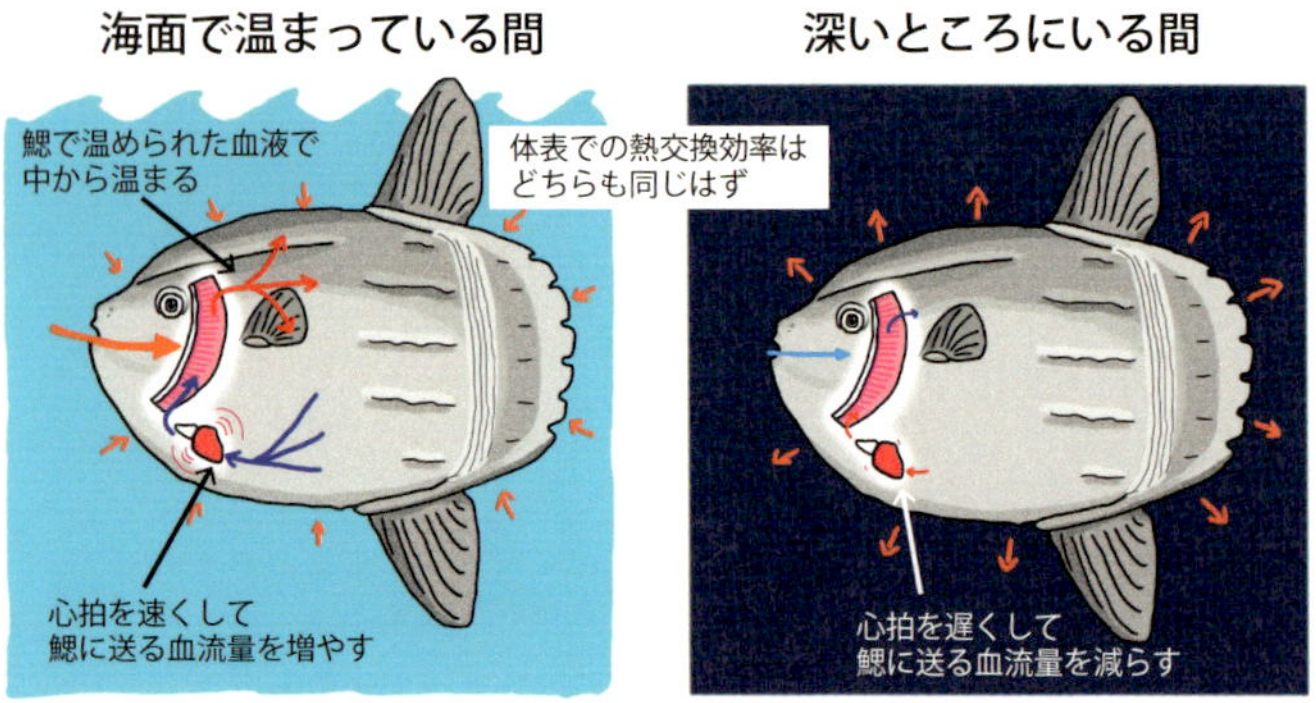

図3−17　マンボウが生理的な調節によって熱の交換を活発にしているメカニズムの仮説
心拍を速くすることで鰓に送る血流量を増やして、鰓での熱交換を活発にしているのではないかと考えている。近い将来このメカニズムを明らかにしたい。

しかし、海面と深いところを頻繁に行き来すると移動に要する時間の割合が増えるので、餌を食べるのに充てる時間が減ってしまう。つまり、身体が大きければ大きいほど深いところに長く留まることができ、行き来する回数を減らせるため、餌を探して食べるのに使える時間が増えるのだ（図3−18）。実際、大きなマンボウほど長い時間深いところに留まっている傾向がみられた。マンボウは硬骨魚類の中では世界一大きくなる。また、マンボウが主食にするクラゲ類は特に深海にたくさんいるらしい。マンボウの大きな身体は深く冷たいところに大量にいる餌を利用するのに有利に働くはずだ。私のマンボウ研究は、当初マンボウが何をどうやって食べるかが知りたいということから始まったが、取れたデータをもとにさらなる仮説を思いついて検証

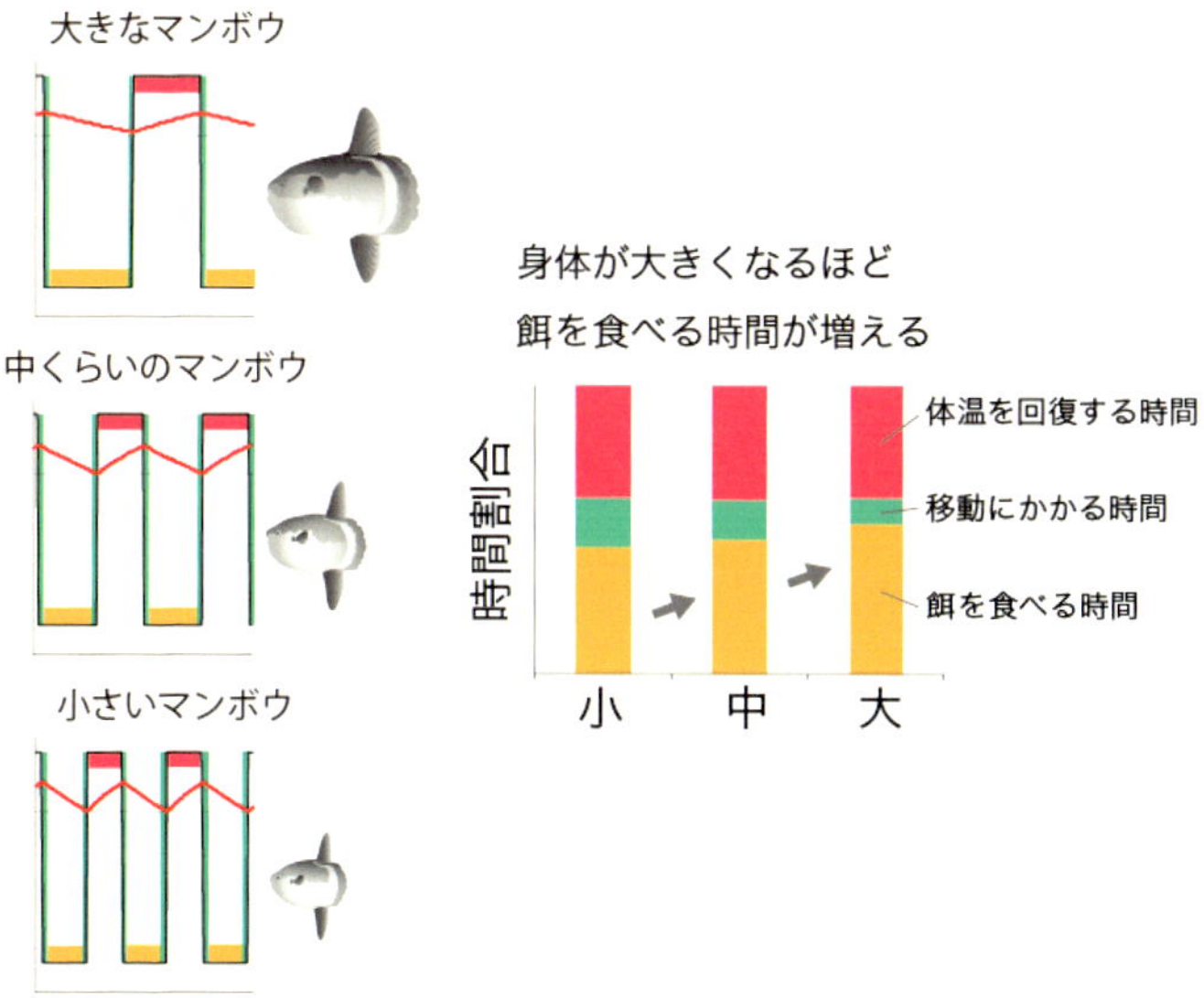

図 3–18　大きなマンボウほど餌を食べる時間が増える理屈
大きいマンボウの方が長く冷たいところにいられるため、往復する回数を減らせる。移動にかかる時間が少なくなるため餌を食べる時間が増える。

することでマンボウがなぜ大きいかというところまで考えることができた。元祖「どくとるマンボウ」である北杜夫氏は2011年に亡くなってしまい結局対談することはかなわず残念に思うが、大学院での研究を通して私が新しい「どくとるマンボウ」だと名乗れるような成果をあげられたと胸を張りたい。

参考文献

Itsumi Nakamura, Yusuke Goto and Katsufumi Sato. Ocean sunfish rewarm at the surface after deep excursions to forage for siphonophores. ***Journal of Animal Ecology*** 84：590–603（2015）.

Itsumi Nakamura and Katsufumi Sato.

80 Ontogenetic shift in foraging habit of ocean sunfish *Mola mola* from dietary and behavioral studies. ***Marine Biology*** 161：1263–1273 (2014).

4章

樹に登らなくても飛べる オオミズナギドリ

(佐藤克文)

オオミズナギドリは離陸できない⁉

傾いた大木をよじ登るオオミズナギドリの写真が表紙を飾る『樹に登る海鳥』という本が1981年に出版されている。樹に登るオオミズナギドリを紹介するテレビ番組も過去にいくつも放映されている。英国BBCのドキュメンタリー制作を数多く手がけているサー・デイビッド・アッテンボローもその様子を番組で紹介している。You Tubeで"Attenborough shearwater"と入れて検索すると、その番組の一部を見ることができる。行列をなしたオオミズナギドリが、時々羽ばたきながら木の幹をよじ登っていく様子は圧巻だ。3mほどの高さまで登り、飛び立っていく。

この様子を目の当たりにした人は、誰もが同じ疑問を抱くだろう。「なぜ、鳥がわざわざ樹に登ってから飛び立つのだろう?」。

この問いに対するシンプルな答えは、「樹に登らないと飛べないから」というものだ。子ども向けの鳥の図鑑にもそう書いてあるし、私にとって座右の書である漫画『釣りキチ三平』13巻(矢口高雄、講談社)にも、「オオミズナギドリは自力で地面から飛び立つことができず、その欠点を克服するために樹に登る」といった内容が描かれている。あるいは、バードウォッチャーが読みそうな鳥の本にも、「外洋性の海鳥。全長約49㎝で体が重く翼が長いので、地上から直接離陸できず、傾斜した大木に爪を立てて登りながら滑走し、飛び立つ」（山岸哲、「けさの鳥」朝日新聞）などと書いてある。山階鳥類研究所の元所長さんがそう記すくらいだから、鳥に詳しい人たちの間にほぼ定着している〝常識〟なのだろう。

２００４年に岩手県大槌町にある職場に赴任した際、近所の釜石市沖合に三貫島《さんがんじま》という無人島があり、そこでオオミズナギドリが繁殖していることを知った。早速許可を取り上陸してみた（三貫島はオオミズナギドリおよびヒメクロウミツバメ繁殖地として国の天然記念物に指定されている）。周囲約４㎞の無人島である三貫島は主にタブノキからなる森で覆われている。大人の腕でも抱えきれないほどの大木がそこかしこに林立し、中には〝発射台〟とおぼしき傾いた巨木もある。

日が暮れると次々と鳥が島に帰ってきた。日中の静けさとは打って変わり、あたりは「ピーピー」「ギャーギャー」といった騒音に包まれる。オオミズナギドリは地面の下に横穴を掘り巣をつくる。その中で卵を産み、抱卵し、雛を育てる。夜が明ける直前に、親鳥たちは餌を捕りに一斉に海に向かって出発する。まもなく始まるであろう樹登りへの期待に胸を躍らせつつ、暗闇に向かって必死に目をこらした。

と、その時藪の中からテケテケと１羽のオオミズナギドリが走り出てきた。一旦立ち止まりあたりを見回し、そして、おもむろにひょいとジャンプして軽やかに飛び立った（図４－１）。あまりのあっけない離陸に呆然とする私のすぐ脇で、鳥たちは次々と藪から走り出ては〝地面から〟

図 4–1　地面から離陸するオオミズナギドリ
2004年撮影。動画あり

文字通り離陸していった。「どこかに鳥が登っている樹は無いのか」と探し回ったところ、ようやく1本見つけることができた。

そこでは、テレビ映像で見た通り、鳥たちが列をなして樹に登っていた（図4－2）。その後、数日かけて島中を踏破して調べたところ、3本だけ鳥が登る樹を見つけることができた。いずれも根本付近を藪が覆い、鳥が羽を広げにくい場所であった。オオミズナギドリは細長い翼をもち、両翼の先端から先端までの距離が1・1mにもなる。だから、翼を広げられない藪の中ではしかたなく樹に登るのであろう。

三貫島では、ほぼすべてのオオミズナギドリは開けた地面から、離陸していた。必ずしも崖から飛び降りるわけでもなく、助走すらせずに飛び立つ個体も数多くいた。オオミズ

図 4–2　樹に登るオオミズナギドリ
2004年撮影。動画あり

図 4–3　広場から離陸するオオミズナギドリ
2010年撮影。動画あり

ナギドリを港の広場から離陸させるといった実験もやってみた（図4－3）。確かにオオミズナギドリは神社の境内から飛び立つ鳩のようには急上昇できず、水平方向に移動しつつゆっくりと上昇していく様子は苦労しているようにも見えた。しかし、「地面から離陸できない」というのは明らかな間違いであった。ちなみに、前述の本『樹に登る海鳥』の中には「地面から離陸できない」とは書かれておらず、岩から飛び立つ例があることも記されている。

テレビ番組の制作者やカメラマンたちも、おそらく地面から飛び立つシーンを目にしていたはずだ。しかし、番組の中ではやはり視聴者に対してインパクトの強いシーンを紹介したい。そんな事情から、樹に登ることばかりが世間に広がり、いつしか「樹に登って離陸する（こともある）」が「樹に登らないと離陸できない」ということになってしまったのだろう。

バイオロギング調査開始

思いがけない発見から始まったオオミズナギドリ調査は、雛が孵化する8月中旬から本格化する。雛が生まれると雄と雌は交互に海へ餌捕りに出かけるようになる。明け方出発して夕方戻ってくるという日帰り旅行を繰り返すので、記録計を付けた鳥を、再び捕獲して装置を回収する必要がある我々にとっては好都合なのだ。

私自身は、加速度計を付けて鳥の羽ばたきについて調べることにした。鳥が地面から離陸できるのは観察できたし、港の広場で行った実験でも確認できたが、「苦労しているように見えた」といった個人的感想を述べるだけでは、科学的とはいえない。鳥が羽ばたくと胴体が背腹方向に振動する。鳥の胴体に付けた加速度計でこの振動を記録して、鳥が1秒間に何回羽ばたいているかを記録した。

得られたデータによると、オオミズナギドリは離陸する際1秒間に7・5回くらい羽ばたいていることが分かった。鳥を飛び立った後、時々海面に着水していた。そして、海面から飛び立つ時も同じような回数で羽ばたいていた。

オオミズナギドリは滑空に適した細長い翼をもち、滑空を多用して飛ぶといわれている。実際、海で飛んでいるオオミズナギドリを見ると、あたかも翼の先端で水面を薙ぎはらうように滑空している。そんな様子からその名が付いたものと推察できる。胴体に付けた加速度計によって得られた時系列データを見ると、滑空している時は確かに体の振動は止まっている、ところが、ずっと滑空だけで飛んでいるわけでもなく、滑空する合間に時々羽ばたきを織り交ぜるということが分かった。その時の羽ばたき回数は離陸する時よりは小さく、1秒間に3・9～4・4回であった。羽ばたきに費やす時間割合は個体によって大きく異なり、10～50%とばらついた。

オオミズナギドリが含まれるミズナギドリ目鳥類は、海上の風を用いたダイナミックソアリングという飛び方で、少ないエネルギーで長距離移動できることが知られている。オオミズナギドリはその時現場で都合のよい風が吹いていればあまり羽ばたかず、風が無い時には自ら羽ばたい

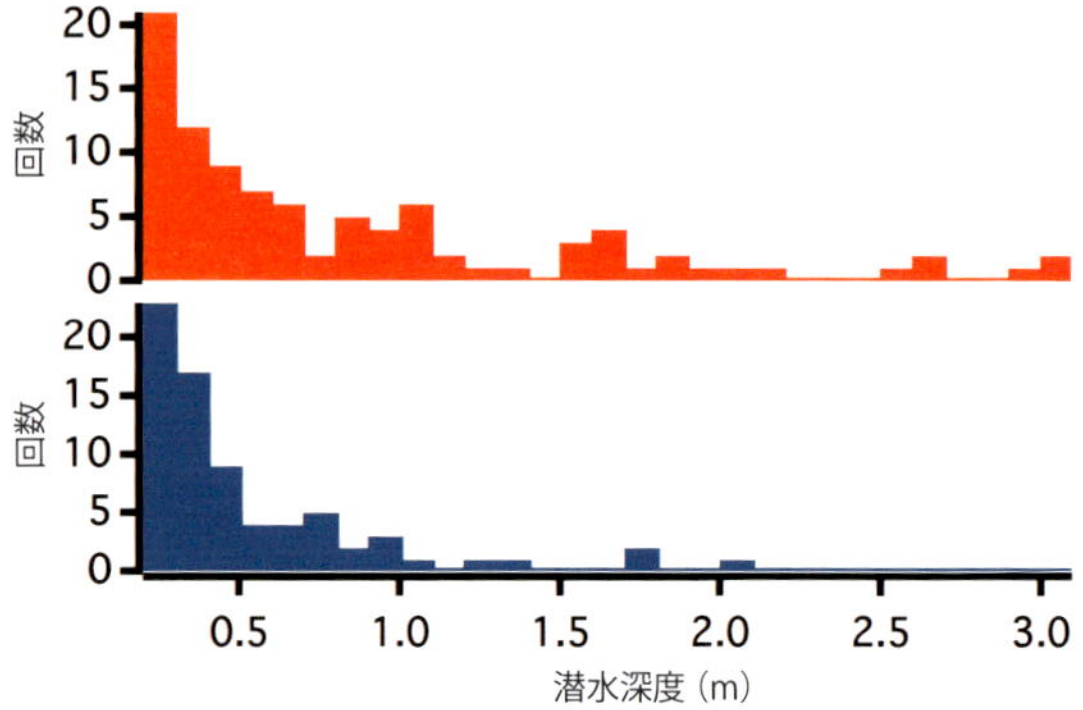

図 4-4　オオミズナギドリの潜水行動ヒストグラム
2009 年（上）および 2011 年（下）の結果。

て飛んでいるものと思われた。

オオミズナギドリは時々海面に舞い降りていたが、加速度計に付いている深度センサーによると、時々水中に潜っているようであった。しかし、何mも潜れるわけではなく、最大でも3m、多くは50㎝にも満たない浅い潜水であった（図4－4）。水中で餌を捕っているはずだが、いったいどうやって捕るのだろう。英語で記されたミズナギドリ目鳥類の専門書を見ると、オオミズナギドリの採餌方法についてはあまり詳しい記載が無く、surface seizing とのみ記されていた。直訳すれば「水面で捕らえている」となるが、具体的には何も記されていなかった。

オオミズナギドリには、加速度計以外にも足環にサイコロ状の小さな記録計を付けた。これはジオロケータといわれる装置で照度や水温を2年間にわたって記録できる。日の出や日の入り時刻を毎日記録すれば、たとえば、鳥が東に移動すれば日の出や日の入り時刻が早まり、西に移動すれば遅れるので経度が分かる。北半球の夏であれば北に行くと日長時間は長く、南に行くと短くなる。だから、日長時間を測定すれば緯度情報が得られる。毎年、岩手県の繁殖地で数十羽にジオロケータを付け、1年ないし2年後にそれを回収することで、個体ごとの移動経路が判明し、次に示すようなオオミズナギドリの1年が見えてきた。

子育てが終わる10月後半になると、親鳥たちは島には戻らなくなる。しばらく島周辺海域に留まった後、雌は11月初旬、雄は11月中旬に南に向けて旅立った。同じ島で繁殖する親鳥であるにもかかわらずそれぞれの行き先は異なり、繁殖地から約4000km離れたニューギニア島北方海域、5400km離れたアラフラ海、3500km離れた南シナ海の3ヶ所に分かれていた（図4－5）。それぞれの場所で越冬した後、2月下旬から3月上旬に越冬場所を離れて繁殖地へと向かい、3月中旬から下旬には前年と同じ島に戻ってきた。

島に戻ってきた後の親鳥たちは、4月から7月にかけて福島県から岩手県の沖合まで餌捕りに出かけては島に戻ってくるということを繰り返す（図4－6）。雌は毎回水温が14～17℃となる海域で餌を捕っていた。季節の推移とともに14～17℃の海域が北上するので、雌の餌捕り場所も季節とともに北上した。餌場がどんどん自分の巣に近づいてくるというわけだ。一方雄は、4月は雌と同じ福島県沖合海域まで餌捕りに行ったものの、それ以降は島から日帰りで往復可能な近場でのみ餌捕りをした。

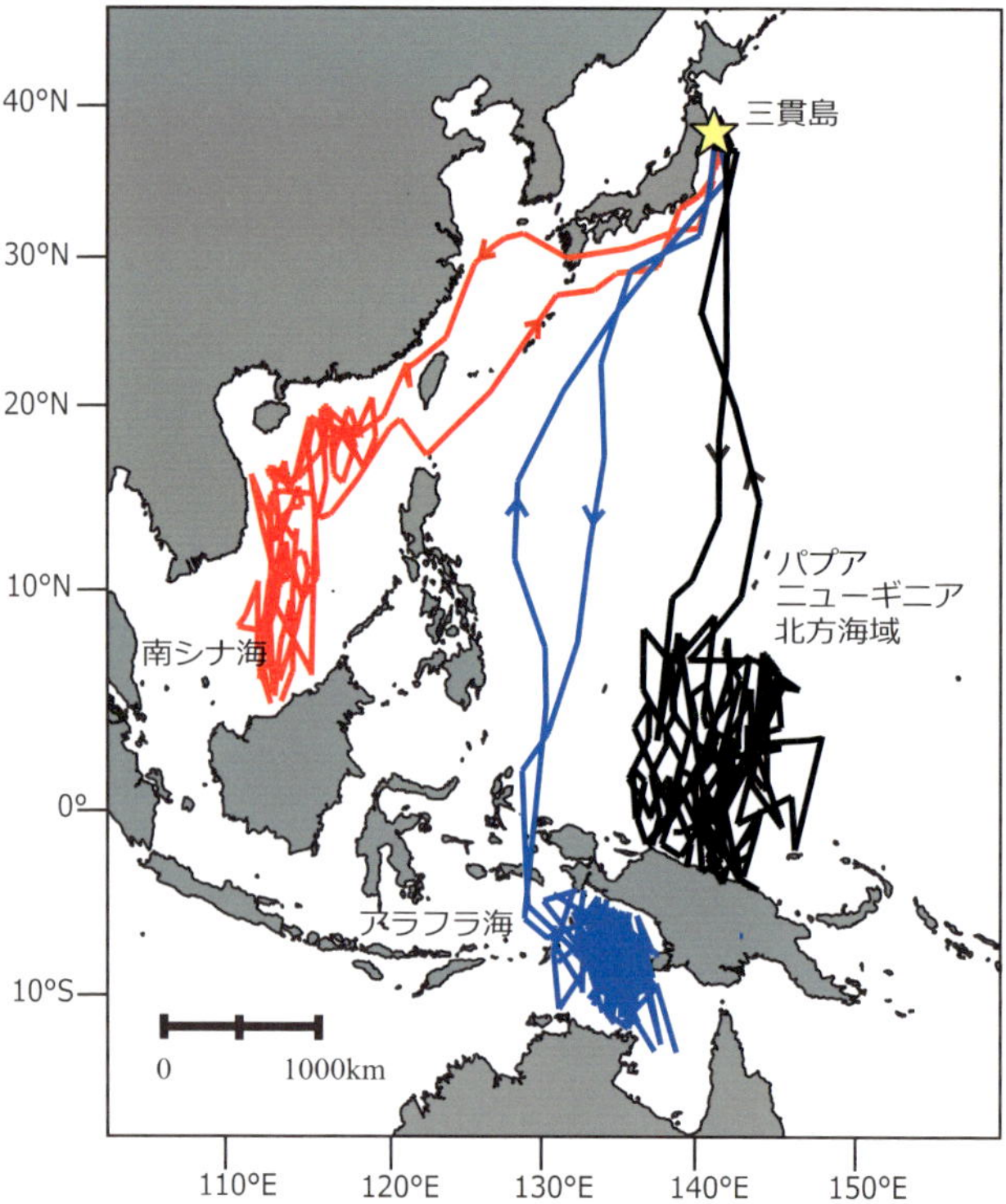

図 4–5　三陸の繁殖地を利用するオオミズナギドリの越冬地
Yamamoto et al. 2010より。山本誉士作図。

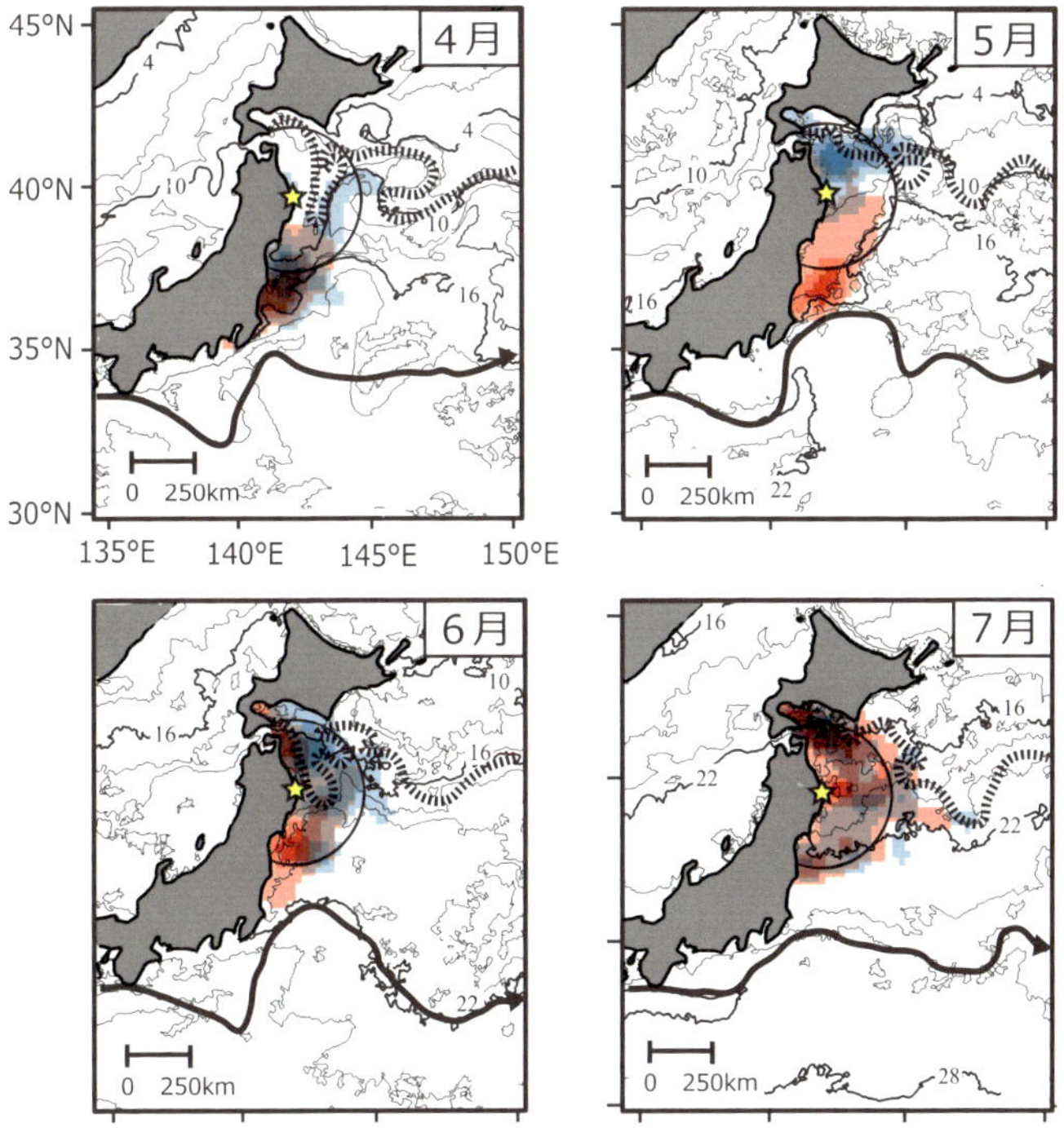

図 4-6　季節を通して餌を捕る海域が北上していく様子
雄の採餌海域を青色、雌の採餌海域を赤色で示す。Yamamoto et al. 2011より。山本誉士作図。

14～17℃の水温というのは、カタクチイワシが分布する水温帯である。ということは、オオミズナギドリの雌はカタクチイワシの分布域に合わせて採餌海域を北上させていることになる。なぜ、雄は雌と異なる行動パターンを示すのだろうか。抱卵前のこの時期、雄は巣を守り、またつがい相手の雌が帰巣した時にほかの雄に交尾されるのを防ぐため、餌が最も豊富にある海域での採餌をあきらめ、島周辺で餌を捕り、頻繁に巣に戻るようにしているのかもしれない。もし本当なら、何とも涙ぐましい努力である。

どうやって魚を食べる

島に戻ってきたオオミズナギドリを捕まえて腹を押すと、鳥は海でとってきた餌を吐き出す。このやり方で胃内容物を調べたら、主な餌はカタクチイワシだった。カタクチイワシは体長十数㎝の魚で、植物プランクトンや動物プランクトンを食べているため、沿岸から沖合の表層を泳いでいる。しかし、オオミズナギドリが潜ることができる数m以浅に分布深度が限られているわけではない。水面付近でパチャパチャしているだけのオオミズナギドリが、いったいどうやって素早く泳ぎ回るカタクチイワシを捕らえているのだろうか。

その様子を観察するために、オオミズナギドリにも付けられるくらい小型のビデオカメラを探した。最近、携帯電話にもカメラが搭載されるようになり、カメラ自体の小型化は進んでいる。

インターネットで「小型ビデオカメラ」と入力して検索すると、防犯目的と銘打った小型のカメラを多数見つけることができる。中には手のひらにちょこんと載る程度の非常に小さいものもあり、オオミズナギドリにも付けられそうだ。

鳥に付けられる重さとしては、体重の3～5％以内に抑えるのが望ましいというバイオロギング業界の基準がある。特にはっきりとした根拠があるわけではないが、それ以上の重さの装置を付けると、動物本来の生活に支障が生じるから止めましょうということになっている。オオミズナギドリの体重は600g前後なので、載せられる装置の重さは18～30g以下に抑えなければならない。また、オオミズナギドリは夜明け直前に島を出発するが、すぐに餌を食べるわけではない。島を出た後、一旦近くの海に舞い降りてひとしきり羽づくろいをした後に、それぞれ思い思いの方向に向かって飛んでいく。加速度計の記録を見ると、正午までに一度くらいは海面に降りて餌を食べているとおぼしき傾向がみられた。小型ビデオはメモリー容量の制限から、1～2時間しか撮影できない。したがって、明け方鳥にカメラを付けるとしても、撮影開始を数時間遅らせる必要が出てくる。また、市販のカメラの多くは簡易防水されているが、海水中に数m沈めて使うことは想定されていない。防水・耐圧加工も施す必要もあった。

これまで私たちの使う小型装置を開発してくれたリトルレオナルド社の鈴木道彦さんにこれらの改造をお願いした。2010年に最初のモデルを6個体に取り付けて、3羽から無事装置を回収することができた。1羽目の個体に取り付けたカメラは、タイマーの誤動作があったようで島

図 4–7　大型魚が追い上げたカタクチイワシの群れ
オオミズナギドリに付けたカメラで2010年に撮影。動画あり

を飛び立った直後の鳥の目線映像が映っていた。単独で飛翔して、ほかのオオミズナギドリが着水しているのを見つけると、自分もそこに舞い降りていた。水中に入った時は魚も映っていたが、種の同定はできなかった。２羽目から得られた映像にも、やはりほかの個体がいる海面に着水する様子が映っており、水面下にはブリやシイラといった大型魚が泳いでいた。３羽目の個体からは、水中のカタクチイワシの群れに向かってほかの個体が飛び込み潜水していく様子が映されていた。そして、カタクチイワシの群れの下にはマサバないしゴマサバと思われる大型魚がいて、カタクチイワシの群れを水面下で追い回す様子が撮影されていた（図４―７）。

翌年２０１１年の3月11日に東日本大震災があった。オオミズナギドリ調査の存続が危ぶまれたが、被災した漁師さんがこれまで通り我々を島まで渡してくれたおかげで調査は継続できた。２０１１年の９月に

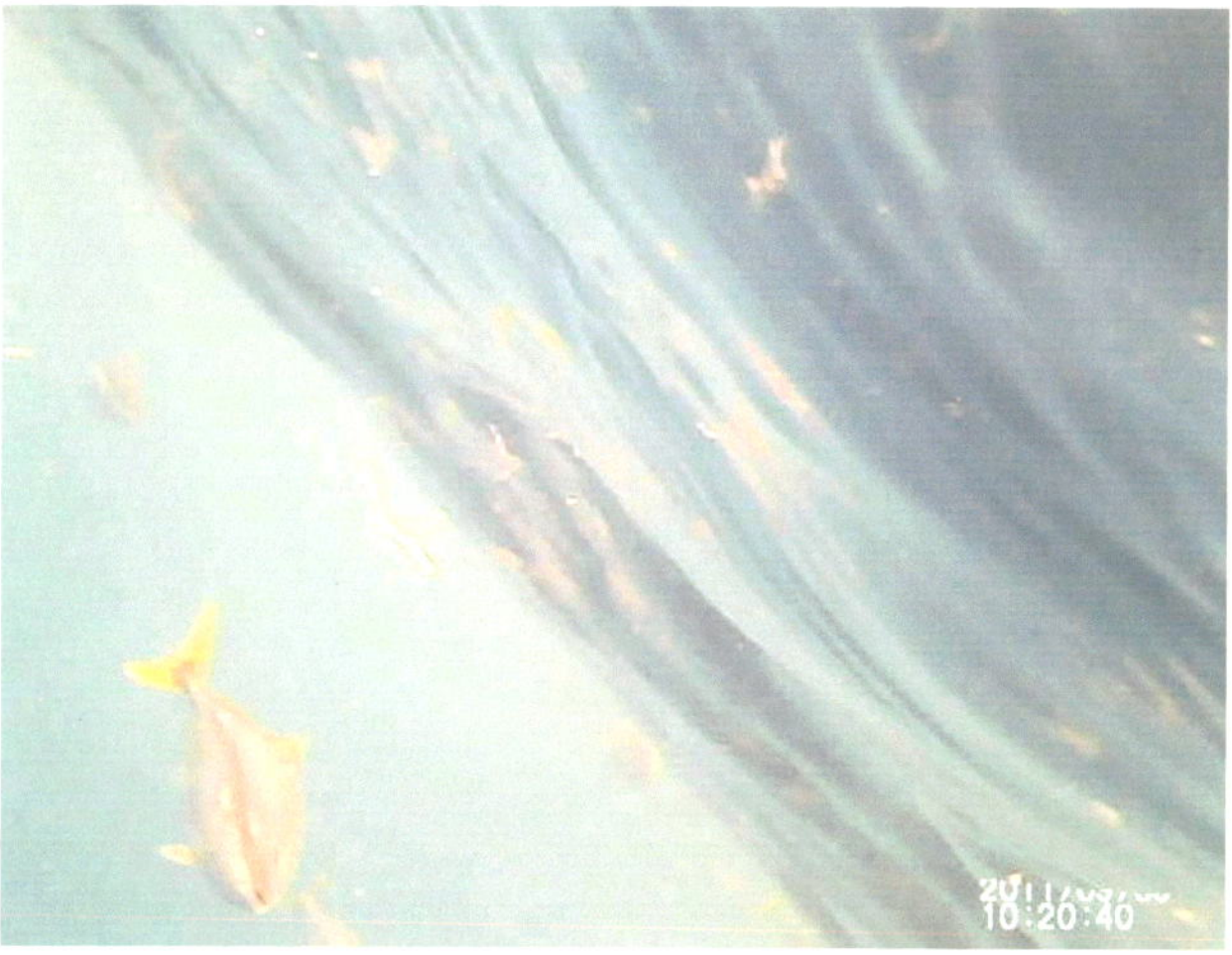

図 4-8　海面下を泳ぐブリ
オオミズナギドリに付けたカメラで2011年に撮影。動画あり

は6羽にビデオカメラを装着し、内3羽から回収することができた。1羽目の個体はひたすら飛び続け、3回着水したがそこには他個体も魚も確認できなかった。2羽目は4回着水したが、魚が確認できたのは1回だけであった。その時は、ブリとマルソウダといった大型魚が群れで泳いでおり、餌となる小魚は映っていなかった（図4－8）。3羽目の個体は、採餌旅行に出かけずにずっと巣の中にいたため、海上の映像は得られなかった。

2012年は計4羽から映像が得られた。ほかのオオミズナギドリがいると自分も海面に舞い降りることや、そこにブリなどの大型魚類がいるのはこれまでと同じであったが、3年目にようやくオオミズナギドリがカタクチイワシを捕らえるまでの一

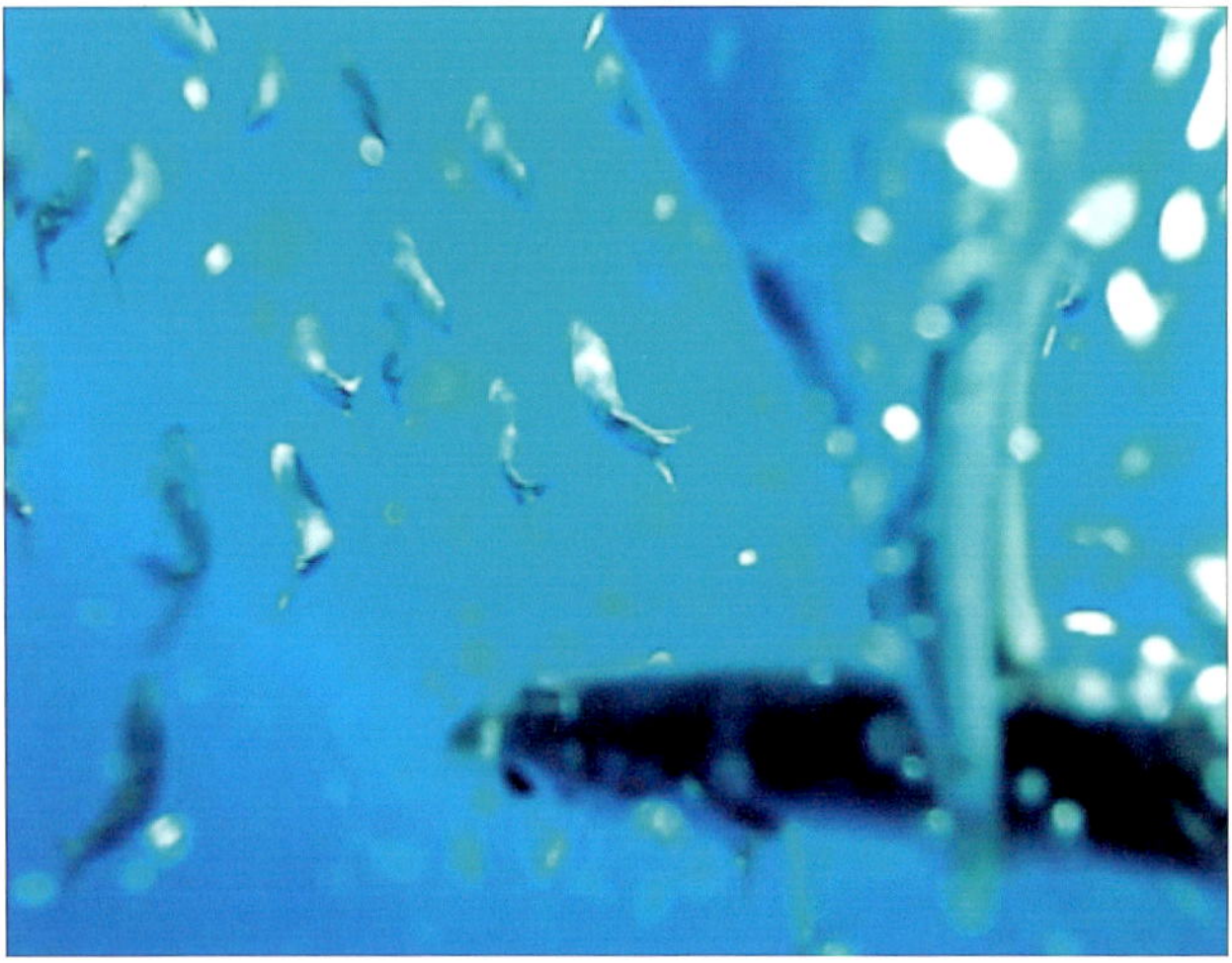

図4-9　オオミズナギドリがカタクチイワシを捕らえる瞬間
2012年撮影。動画あり

連の行動を撮影することに成功した（図4－9）。

海中に少しだけ入った鳥がカタクチイワシの群れに遭遇すると、鳥はそのまま水中で魚を追いかけるのではなく、一旦空中に飛び上がった。水面直上を飛びつつ頭を左右に振りながら追尾する。おそらく水面下を泳ぐカタクチイワシの群れを見ているのだろう。そして、空中から水中に狙いを定めて飛び込みカタクチイワシを1尾嘴《くちばし》にくわえて水面に戻ってきた。群れに遭遇した際には立て続けに捕獲するようで、10分間に19回試みて11尾捕らえるシーンが映っていた。

ずっと頭の中で想像してきた採餌シーンをようやく観察することができた。実態を見てしまえば、以前この鳥が地面から離陸できないなどと思い込んでいたことがおかしくなっ

図 4-10　イカを食べようとするオオミズナギドリ
2014年撮影。動画あり

てくる。もし、本当に樹に登らなければ離陸できないのであれば、水面に舞い降りたが最後、二度と飛び上がれないはずだ。しかし、実際のオオミズナギドリは、やすやすと空中に飛び上がり、何度も着水と飛翔を繰り返していた。〝百聞は一見に如かず〟とはまさにこのことであった。

２０１３年は残念ながら機械の不調とタイマーの設定ミスで、映像は得られなかったが、２０１４年には3個体から合計７・５時間分の良質な動画を得ることができた。鳥が海面に舞い降りる回数もいままでで一番多い39回となり、海面に落ちていたイカをめざとく見つけて舞い降り食べる様子や（図４－10）、大きめの餌を嘴にくわえたまま飛んだり、あるいは、海面に漂うビニールの破片をしばらく嘴でつつき回して結局食べないなど、いくつもの新しいパターンが出てきた。これまで、そんな視点から観察できるなどとは想定してこなかったが、これからは対象動物となる鳥の目線で海上の採餌行動を観察できる。見えなかったことが見えるようになると、これまで分からなかった謎が解けるようになるが、それ以上に新たな謎が次々と生まれてくる。オオミズナギドリのすべてが解明できる日はまだまだ遠そうだ。

無人島のウェブカメラ

それまでとは質的に異なるデータが得られるという意味でバイオロギングはなかなか強力なツールだが、何よりも歯がゆいのは装置が回収できないとデータが得られないということだ。どれだけ頑張って無人島にこもっても、装置を付けた鳥に再会できない限りノーデータだ。

開発直後２０１０年のカメラは重さこそ20g前後に収まっていたが、直径が大きいため、腹に付けても背中に付けても20mm以上出っ張ってしまった（図４－11）。オオミズナギドリにとっては狭いトンネルをくぐって地下の巣に戻る時に引っかかってしまうなど、違和感があったのだろう。巣穴に戻るのをためらっている様子が見て取れた。数時間ごとに巣を見回ると、ほかの鳥は帰ってくるのに、カメラを付けた親鳥だけがなかなか帰ってこないということがよくあった。２０１４年以降は、カメラモジュールとバッテリーをエポキシ樹脂に包埋し、厚さ９・８mmのカ

図 4–11　年々改良を進めた小型ビデオカメラ

メラが完成した（図4－11）。その年から回収率が100％に上昇した。ところが、今度はレンズが体表に近すぎるため、飛んでいる時に画面の半分が羽毛で隠れてしまうという問題が生じた。まだまだ改良すべき余地は残されている。

悪天候も我々にとっては悩ましい問題だ。調査を行うのは8月後半から9月の台風シーズンだ。孵化直後の親鳥たちは日帰り旅行を繰り返すが、9月中旬になると時々北海道まで1週間くらいの長期旅行に出かけるようになる。カメラを付けた鳥がなかなか巣に戻ってこないまま1週間くらいが経過すると、「そろそろ帰ってくるはずだが」とそわそわし始め「頼むから帰ってきてくれ」と神頼みしたくなってくる。そんなタイミングを狙い澄ましたかのように台風がやってくる。台風の位置がまだ遠く離れた沖縄であっても、台風の進路が東北に向かうという予想がでてしまうと、現場を監督する身としては学生たちに一旦島からの退避命令を出さざるを得ない。台風が来てしまうと、波やうねりが収まるのに数日かかるので、島に再上陸できるのは結局1週間くらい経ってからになる。カメラを付けた鳥の巣をチェックすると、親鳥が帰ってきた巣では雛の体重がしっかりと増えている。雛はハッピーだろうが、調査する者たちは「あーっ」と悲鳴を上げることになる。

人が島に上陸できない時でも、なんとか繁殖地の様子を見ることができないものだろうか。そのニーズに応えるために、東京大学大学院新領域創成科学研究科の斎藤馨先生にウェブカメラとマイクを繁殖地に設置してもらった。いまのところは日中の静止画像と夜の限られた時間帯の音声情報だけだが、ネット経由でいつでも島の様子をチェックできるようになった。近い将来、島が島に帰ってきたら、鳥に付けた装置から巣の近くに設置したステーションに自動的にデータがダウンロードされ、島に上陸できない時でもデータが得られるようなシステムにしていきたい。そうなれば飛躍的に研究は進むことだろう。また、暗視カメラを設置して、ぜひともオオミズナギドリが地面から飛び立っていく様子を皆に見てもらいたいものだ。

column

夢の無人島暮らし

（坂尾美帆）

2014年8月。家族や友だちとキャンプにいった経験がまったくないインドア派だった私にとって、初体験となる無人島暮らしが始まった。人生初のキャンプが、無人島生活になるとは夢にも思わなかった。メンバーは、研究室の先輩2人と名古屋大学の先輩1人と私を合わせた4人組。オオミズナギドリ調査チームの私たちは、人呼んで「オオナギ班」だ。この4人でシフトを組み、2ヶ月間の調査を行っている。夏の間は、1週間ほど島に滞在した後、2日ほど島から戻って休息し、再び島に戻るというリズムで生活が続く。滞在中は、かつて売店だった廃墟の中に、テントを張って暮らしている。

無人島生活での一番の楽しみは、食事だ。「夏は無人島で調査なんだ！」というと、よく「食べ物はどうするの？　現地調達!?」とキラキラした目で聞かれる。楽しいアウトドアライフを想像しているようだが、実際は一部現地調達、大半は持ち込みといったところだ。道具を持ち込んでたまに釣りをすることはあるが、基本的には食料を持ち込んで料理をつくったり、缶詰やレトルトを食べたりしている。シフト交代の時に食料を持っていき、クーラーボックスで保管している食材を使ってご飯をつくる。献立や食材のやりくりを考えるのも、慣れてくると楽しいものだ。美味しいご飯は調査に活力を与えてくれる。疲れが溜まると甘いものも欲しくなり、おやつやジュースも欠かせない。そんなわけで、調査後は若干体重が増えるのが悩みどころだ。

夜、美味しい匂いにつられて先輩たちがテントから出てくるとともに、明かりにつられてコシジロウミツバメが廃墟の中に飛び込んでくる。小さくてかわいらしい海鳥なのだが、彼らは驚くと、ゲロを吐く。雛に与えるための餌を間違えて（ショックで？）吐いてしまうらしい。かわいそうだとは思うが、このゲロ、とんでもなくくさい。一度、ウミツバメが、出しっ放しだった先輩の上着に吐いたことがあった。気づかなかった先輩はそれを着てテントに入り、ごろりと寝転がった。数秒後、絶叫がテントから聞こえた。「テントが…ゲロくさい…」飛び出してきて悲しげにつぶやいた先輩の顔はいまでも忘れられない。全員で爆笑してしまった。その後、先輩は自らのテントをゲロ小屋と名付け、自虐ネタにしていた。

もう一つ、無人島暮らしについてよく聞かれるのは、「無人島⁉トイレとかお風呂はあるの？」。残念ながら、トイレもお風呂もないし、そもそも無人島なので水道がない。必要な水はタンクに入れて持って行き、シフト交代の時に補充しながら生活している。大切な飲み水なので、水で身体を洗ったりはしない。島にいる間はお風呂に入れないからね、とはじめに聞いた時は衝撃を受けたが、暮らしてみれば慣れるもので、身体をふくウェットティッシュがあればなんてことはない。調査をしていない時は、当然のように毎日お風呂に入っていたけど、実は毎日入らなくてもいいんじゃない？とまで思うようになった。さすがに1週間島にいると、シャワーが恋しくなってくる。島から戻ってシャワーを浴びると、文明社会ってすごいな、とありがたみを感じることになる。以前2週間島にこもっていた先輩は、久しぶりにシャワーを浴びたら頭を流した水が茶色くなった！と自慢げに教えてくれた。嬉々として島ごもり体験を語る先輩が、なんだかまぶしかった。

さて、お風呂は1週間我慢できても、トイレを我慢するのは不可能だ。ということで、気になる無人島のトイレ事情だが、昼間は海辺の岩場がトイレ代わりだ。滞在初日、開放感あふれるトイレで用を足して一息つくと、突然背中までしぶきがかかった。うわびっくりした、強烈なウォシュレットに焦った私は慌てて岩をよじ上って逃げた。トイレに行くのも気が抜けない、無人島の生活は楽しくも厳しいのだ。ちなみに、雨の日や夜は暗くて危ないので、藪の中がトイレ代わりになる。オオナギ班の先輩は皆男性なので、私がトイレに行く時は外に出ない、という暗黙のルールをつくってくれている。そのためトイレに行くことをメンバーに伝える必要があって、最初はなんだか恥ずかしかった。かつて、上品な女性はトイレに行くことを「お花を摘みに行ってきます」と伝えていたらしい。私も真似しようかと思っていたが、結局開き直って「トイレ行ってきまーす」と宣言している。本来ならばここで女性フィールドワーカーならではの悩みを書くところだろうが、恥じらいは海に捨ててしまったのであまり困っていない。

ちなみに男性陣には、島滞在中に髭が伸びても剃れないという困りごとがあるらしい。1週間島にいた先輩に会うと別人になっていて、いつもびっくりする。ある先輩（ここではヒゲ先輩とよぶ）は、調査期間中一度も髭を剃らないことにしていて、8月初旬の写真と9月末の写真でまったくの別人になる。私たちは伸びゆく髭をみて、ああ調査も終盤だなあと思ったりする。漁師さんたちには「もう無人島の住民だなあ！」「やっぱり髭がないとなあ！」と好評のようだ。髭を伸ばしていないと誰だか分からない、とまで言われていた。ヒゲ先輩も鏡を見て「うん、だいぶ伸びたな」とご満悦の様子だ。お風呂に入れなくても、髭が剃れなくても、オオナギ班は毎日を楽しんでいる。

トイレとお風呂が無くても困らないのだが、実は私は虫が苦手だ。無人島には、ムカデやガ、クモなどといったおなじみの虫がいるのだが、強敵は、カマドウマというバッタのような虫だ。大き

図4-12　行き倒れではありません
鳥を捕まえようと穴の中に手を伸ばしている坂尾美帆。

いし、突然飛び跳ねるし、変な色のまだら模様だし、共食いもする。見ているだけで泣きたくなる。本章で説明されている通り、オオミズナギドリは地面に穴を掘って棲んでいる。オオミズナギドリに記録計を装着するためには、地面に這いつくばり、巣穴に手を突っ込んで、彼らを引っ張りだす必要がある（図4－12）。この巣には、しばしばカマドウマが潜んでいるのだ。じめじめとしたオオミズナギドリの巣穴は、きっとカマドウマにとって心地よい環境なのだろう。突然やってきた侵略者に、カマドウマだってびっくりしているかもしれない。しかし私にカマドウマを思いやる余裕などない。最初に飛び出てきた時は驚いて叫び、先輩が何ごとかとすっ飛んできて、カマドウマが嫌ですと訴えたら爆笑された。手を伸ばせばそこに記録計付きのオオミズナギドリがいるのに、カマドウマに触るのが嫌で、しばらく巣穴に手を入れるまで躊躇していた。せめて彼らが全部外に出てくるまで待とうと思っていたが、出てくる出てくる、何匹棲んでいるのだろうか。このままではせっかく見つけたオオミズナギドリが逃げてしまう！　私は目をつぶって決心し、涙目で腕を巣

図 4-13　嬉々として島流しになる大学院生たち

穴に突っ込んで、目的の個体を捕まえた。しばらくは決心してからでないと手を突っ込めなかったが、調査も終盤にさしかかると記録計付き個体を探すのに必死で、いつのまにかカマドウマを気にしなくなっていた。無人島暮らしは、虫嫌いも克服してくれたのだ。…と言いたいところだが、調査以外ではやっぱり虫は苦手で、カメムシ1匹をゴキブリ退治のジェット噴射で退治している。先輩たちはというと、空いたサバ缶に群がるカマドウマをみて「お食事会だ」などとのんきに笑っていた。巨大なムカデを捕まえて、標本にしていたこともあった。先輩たちは、調査中に起こることすべてを楽しんでいるようだ（図4－13）。楽しくも厳しい無人島暮らしの秘訣は、何ごとも笑い飛ばして楽しむ姿勢なのだろう。いつか私もすべてを笑い飛ばせるようになることを夢見て、今年も調査に向かう。

参考文献

Katsufumi Sato, Kentaro Q. Sakamoto, Yutaka Watanuki, Akinori Takahashi, Nobuhiro Katsumata, Charles-André Bost and Henri Weimerskirch. Scaling of soaring seabirds and implications for flight abilities of giant pterosaurs. ***PLoS ONE*** 4：e5400 (2009).

Takashi Yamamoto, Akinori Takahashi, Nobuhiro Katsumata, Katsufumi Sato and Phillip N. Trathan. At-sea distribution and behavior of streaked shearwaters (*Calonectris leucomelas*) during non-breeding period：from temperate to tropical oceans. ***Auk*** 127：871-881 (2010).

Takashi Yamamoto, Akinori Takahashi, Nariko Oka, Takahiro Iida, Nobuhiro Katsumata, Katsufumi Sato and Phillip N. Trathan. Foraging areas of streaked shearwaters in relation to seasonal changes in the marine environment of the Northwestern Pacific：inter-colony and sexual differences. ***Marine Ecology Progress Series*** 424：191-204 (2011).

Kozue Shiomi, Ken Yoda, Nobuhiro Katsumata and Katsufumi Sato. Temporal tuning of homeward flight in seabirds. ***Animal Behaviour*** 83：355-359 (2012).

Takashi Yamamoto, Akinori Takahashi, Nariko Oka, Masaki Shirai, Maki Yamamoto, Nobuhiro Katsumata, Katsufumi Sato, Shinichi Watanabe and Philip N. Trathan. Inter-colony differences in the incubation pattern of streaked shearwaters in relation to the local marine environment. ***Waterbirds*** 35：248-259 (2012).

Takashi Yamamoto, Akinori Takahashi, Katsufumi Sato, Nariko Oka, Maki Yamamoto and Philip N. Trathan. Individual consistency in migratory behaviour of a pelagic seabird. ***Behaviour*** 151：683-701 (2014).

吉田直敏．樹に登る海鳥―奇鳥オオミズナギドリ．汐文社　302p (1981).

5章

マッコウクジラの頭を狙え

（青木かがり）

図 5–1　ダイオウイカに噛みつくマッコウクジラ
海洋堂制作のフィギュア。

マッコウクジラとダイオウイカとの攻防

このフィギュアはとても精巧にできているが、実は想像の産物だ（図５―１）。マッコウクジラとダイオウイカが戦っている様子は昔からよく描かれており、いまではインターネットで検索すれば、とてもリアルなＣＧ映像がみられる。マッコウクジラは細長い口でダイオウイカに噛みつき、ダイオウイカは食われまいと必死にもがいている。しかし、未だにその様子を目撃した人はいない。

マッコウクジラは歯をもつ鯨類の中では最大の種類で、雄は大人になると体長15ｍ、体重45ｔにもなる巨大な生き物だ。水面と深海の間を１日に何往復もして、最大で２０００ｍ近く潜水する（図５―２）。なぜ深く潜る

図5–2　尾びれを高く持ち上げ潜っていくマッコウクジラ

のか？　それは深海性の頭足類（イカやタコ）を捕まえて食べるためだ。かつて、捕鯨船によって捕まえられたマッコウクジラの胃の中からは、様々な種類や大きさの深海性の頭足類が見つかっている。最大級はダイオウイカやダイオウホウズキイカで、全長14m、体重500kgにもなる（図5－3）。マッコウクジラの胃内容物の中でこれら巨大なイカの占める割合は、数にするとたった数％だが重量にすると50％を超える。マッコウクジラの頭や口の周りにはイカの吸盤の跡が至るところにみられ、大型のイカとの攻防の様子がうかがえる。

きっかけ

子どもの頃は、クジラやイルカにまったく興味はなかった。高校生の時に将来は牧場か農場で働

図 5-3　定置網で混獲されたダイオウイカ
提供：上越市立水族博物館 馬場正志。

きたいと思い、岩手大学農学部に入学した。何気なく入部したスキューバダイビングサークルが、私の人生の転機になった。サークル旅行で、冬から春にかけてザトウクジラがみられる小笠原諸島に行くことになった。20歳の時に初めて海で泳ぐクジラを見て、「何でこんなに大きな生き物が地球上にいるんだ！」と衝撃を受けた。それから、私は全国のホエールウォッチング業者に「ボランティアでよいので、働かせてください」と手紙を出した。当時在籍していた大学を休学し、受け入れてくれた高知県のホエールウォッチング業者のもとで仕事を手伝いながら、毎日のように船に乗ってクジラを探しに行った。見れば見るほど、興味が増していった。休学期間が終わる頃、高知大学の編入制度がちょうど始まった。当時付き合っていた彼氏にふられることになったが、高知県に行くために編入試験を受けた。無事に合格したものの、高知大学に鯨類を専門とする先生はいなかった。稚仔魚を専門とする先生に頼み込み、ホエールウォッチング船に乗せてもらいながら、土佐湾でみられる鯨類を対象に卒業論文を書いた。大学を卒業した23歳の時、会社員や公務員になるのは早々にあきらめ、ようやく見つかった彼氏にも再びふられることになったが、鯨類の行動や形態を専門とする先生のいる東京大学大学院に進むことを決めた。それまで船上から観察することしかできなかった鯨類の水中での行動を、バイオロギングで調べることができると聞き、夢のようだと思った。私は所属研究室で既に開始されていたマッコウクジラの潜水行動調査に参加することになった。

どうやって付ける

バイオロギング手法で鯨類の行動を調べるにあたって、一番の難関は行動記録計を取り付けることだ。マッコウクジラのような大型の鯨類を捕まえて、接着剤で背中に行動記録計を取り付けるわけにはいかない。ならばどうするか。実は吸盤を使う。鯨類の皮膚はつるつるしているため、吸盤が効果的なのだ。鯨類の種によって、よく付く吸盤の材質も大きさも違う。マッコウクジラの場合は、カナダのホームセンターで売られている車のルーフキャリア用の吸盤がよい。今では自分や友人がカナダに行く機会があるたびに、スーツケースいっぱいに１００個ほど吸盤を買ってくるようにしている。吸盤の品質にはムラがあるため、使う前に必ず研究室の窓に何十個もの吸盤をぺたぺたと貼り付けてテストする。最後まで残った選りすぐりの吸盤だけを使って、マッコウクジラに行動記録計を取り付けるためのタグをつくる。このタグを長い棒の先や矢の先に取り付けて、狙いを定めてクジラの体にペタンと取り付ける。

どうやって深海性のイカを見つける

大学院生の時の研究テーマはマッコウクジラの潜水行動であった。特にマッコウクジラが深海でどのように餌を捕獲しているかに注目した。

マッコウクジラの餌の探し方には、二つの説がある。一つ目は待ち伏せだ。深海に潜った後に餌がやってくるのを、動かずにじっと待つという説である。確かに、どうせ息継ぎをするために水面に戻ってこなければいけないのに、わざわざ泳いで深海まで潜り、さらにそこで泳ぎ回って餌を探すのはとても疲れそうだ。深海性のイカを見たことがあるだろうか。スーパーで売られているスルメイカとは違って、寒天のようにぶよぶよとして水っぽく、おまけに強烈なアンモニア臭がする。調査中に海面に浮いていた、マッコウクジラの食べ残したと思われる深海性のイカの切れ端を拾って実際に食べてみたことがあるが、とても不味かった。二つ目は、視覚や音を頼りに泳ぎ回って餌を探すという説だ。深度２００ｍを超えると太陽の光はほとんど届かず、あたりは真っ暗だ。しかし、青緑色の光は深海までわずかに届き、マッコウクジラはその光に敏感だ。目で見て餌を探すなら、わずかに届く光を利用し、自分より上方にいる生物をシルエットとして見つけられるように、深海魚のようにずっと上を向いて泳ぐことになる。音を頼りにする場合は、潜水艦のソナーと同じ原理で、発した音がその先にある物体に当たって跳ね返って来るのを聞くことで、物体までの距離を調べる。これはエコロケーションとよばれ、コウモリやイルカの餌の探し方としてよく知られている。マッコウクジラは水中でカチ、カチ、カチというクリックスとよばれる音を出しており、この説が最も広く受け入れられている。

動物搭載型記録計を使った先行研究から、深海におけるマッコウクジラの行動が少しずつ分かってきた。マッコウクジラは移動に必要なエネルギーをなるべく節約できるといわれている速度（私たちが普通に歩くくらいの速度。時速約5㎞、秒速にすると1・5～1・7m）で絶え間なく泳ぎながら、音を出していることが分かった。さらに、餌に近づく時に音を出す間隔がだんだん短くなるちょっと変わったクリックスを出しながら、クジラは徐々に姿勢を変え、音を止めると同時に体をひねることが分かった。どうやら、マッコウクジラはゆっくり泳ぎながら、音を頼りに餌を探して接近、捕獲しているようだ。

東京の南にある小笠原諸島周辺で十数頭のマッコウクジラに三次元行動記録計を取り付けたところ、普段はゆっくり泳いでいるが、深海で時折秒速3～6mくらいでダッシュし（自転車か原付くらいの速度）急旋回することが分かった（図5－4）。1回のダッシュで時には数百mの距

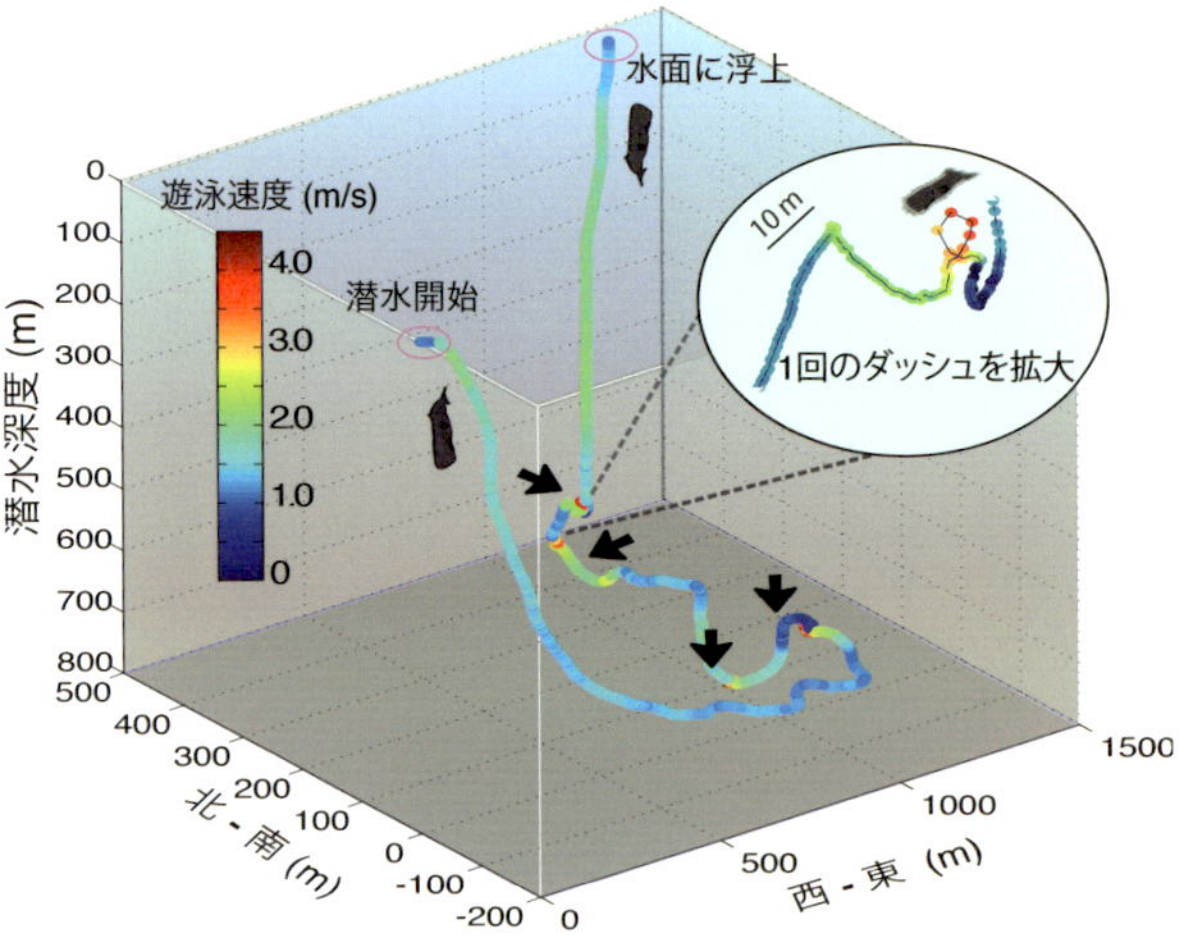

図 5-4　マッコウクジラの三次元潜水経路
普段は秒速 1.5～1.7 m で泳いでいたが、矢印で示した地点でダッシュしていた。

離を曲がりくねって泳いでおり、何かと追いかけっこしている様子がうかがえる。

ただ、やはり、視覚を頼りに餌を見つけていたわけではないらしい。降り注ぐ太陽の光を利用して上方の餌をシルエットとして見つけているならば、いつも上向きに餌を追いかけ始めるはずだ。しかし、そうではなく時に下向きにダッシュを始めることもあったからだ。もしかしたら、マッコウクジラは太陽の光がなくても真っ暗な深海で発光性の餌が見えているのかもしれないが、いまのところはそれをサポートする証拠は得られていない。

いずれにしても、マッコウクジラの捕獲行動を直接観察しなければ、クジラがいつどうやって餌を捕獲していたのか、はっきり断定することはできない。

どちらも大切！

大学院修了後、英国のセントアンドリュース大学に移って博士研究員として働いた。1年間の雇用期間が終わりに近づき、セントアンドリュースに残るか帰国するか迷っていた頃、紆余曲折を経てようやく結婚した夫から「俺とクジラ、どちらが大事なの」と言われた。クジラと言うわけにもいかず、とりあえず「帰国する」とだけ答えた。帰国したら何をしよう、と思っていたところ、佐藤克文先生からキヤノンプロジェクトが採択されたという連絡をもらった。3年をかけてマッコウクジラにカメラを取り付けるという。マッコウクジラの捕食行動を撮影する絶好のチャンスだ。

捕食行動を撮影するために解決しなければいけない問題は二つあり、一つ目は光源だ。マッコウクジラは真っ暗な深海で餌を捕まえているため、光がないとカメラには何も写らない。そこで、2・5m離れたところまで撮影できる白色LEDの光源1本を用意した（図5－5）。光源はカメラと連動して発光し、カメラは4秒間に1枚の写真を撮影する。二つ目の解決するべき問題は、カメラをどこにどうやって付けるかということだ。マッコウクジラは体長15mにもなる巨大な動物だ。カメラを口元近くに取り付けないと、餌は写らないだろう（図5－6）。それまで、長さ

図5–5　耐圧2000 m の動物カメラ
向かって左が光源、右がカメラ。二つの装置を並んで固定することで、両者が赤外線通信で撮影時刻と発光が同期する。

5mのポールの先に吸盤タグを取り付け、浮いているクジラにそろそろと後ろから忍び寄り、背中をめがけてエイヤとポールを投げつけて取り付けていた。この方法で狙えるのはたいていマッコウクジラの背中で、口からは遠すぎる。なるべく口に近い、頭の先端を狙いたい（図5－6）。そこで、全長13mのカーボン性のポールを、ヨットのマストを作製している会社に特注でつくってもらうことにした。ポールの先端に吸盤タグを取り付け、ポールを船に固定する支点の反対側を操作して、シーソーのようにポールを振り下ろすことで、マッコウクジラの頭を狙おうという算段だ（図5－7）。

一年目：長いポール

研究所の裏庭で、ポールを組み立てて先端に

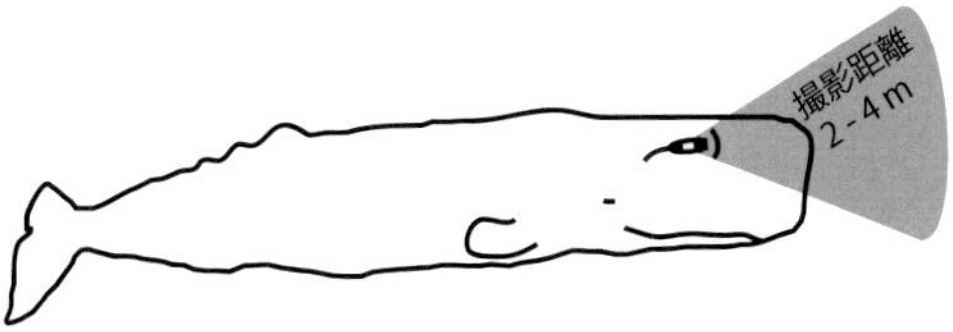

図 5–6　カメラの撮影範囲
マッコウクジラの頭部先端に取り付けないと口元付近を撮影できない。Aoki et al. 2015 の図 4 より改変。

吸盤タグを取り付けてみた。反対の端を持ちポールを振り回そうとしてみたが、なかなか動かない。そこで20kgの砂袋を反対の端にぶら下げてみたら、てこの原理のおかげでポールを楽に振り回せるようになった。ポールの先端に取り付けたカメラタグの下に、マッコウクジラの頭に見立てたプラスチック板を置き、試しに振り下ろしてみる。ぺたんと無事に吸盤タグがくっ付いた。とりあえず長い棒が無事に使えそうで、ほっと一安心だ。

調査の準備を整え、夏にマッコウクジラのいる小笠原諸島に向かった。小笠原までは東京からフェリーで25時間かかるが、寝ている間にあっと言う間に到着する。海は真っ青で、沖にはマッコウクジラの雌と子どもの群れがいる。まずは湾の中で、大きめの浮きをマッコウクジラの頭に見立てて、カメラタグの取り付け練習をした。浮きと違ってクジラは動いているので、実際にはもっと難しいはずだが、止まっている浮きにすら命中しないようでは話にならない。クジラに見立てた浮きにゆっくり近づき、掛け声とともに4人がかりでそろそろとポールを海上に突き出す（図5－7）。カメラタグと浮きの距離を見計らって、ポールを振り下

図 5-7　マッコウクジラの頭を狙うための長さ 13 m のポール
漁船 新盛丸の全長は約 19 m。

ろす。距離感がつかみにくく、なかなかうまくいかない。そこで、ポールの先端と浮きとの距離感を見極め、「いまだ！」と叫ぶ係りを新たに設けることにした。ただ叫ぶだけとはいえ、タイミングがすべてなので、大きなプレッシャーがかかる。何度か交替で練習するうちに、ポールの先端が浮きに命中するようになった。

皆で気合いを入れた後、沖に向かったところ、マッコウクジラを発見した。練習の甲斐あって、あっさりとカメラタグを取り付けることができた（図5−8）。思ったより簡単に付けられたのでホッとしたものの、すべての画像がぼんやりとしており、何が映っているのか分からない。光源が弱すぎたのだ。

二年目：折れたポール

翌年は光源を1本から3本に増やし、撮影距離がこれまでの約2倍の4mになった。しかし、そのせいで従来のタグの約3倍、人の頭ほどある巨大なタグになってしまった（図5−9）。こんな大きなものを取り付けたら、クジラが嫌がって外してしまいそ

図 5-8　マッコウクジラにカメラを取り付ける
長いポールの先にカメラタグを取り付け、そっと忍び寄る（上)。クジラの右側頭部に付けられたカメラタグ（下)。調査は小笠原ホエールウォッチング協会の許可のもと、クジラの行動に配慮して行われた。動画あり

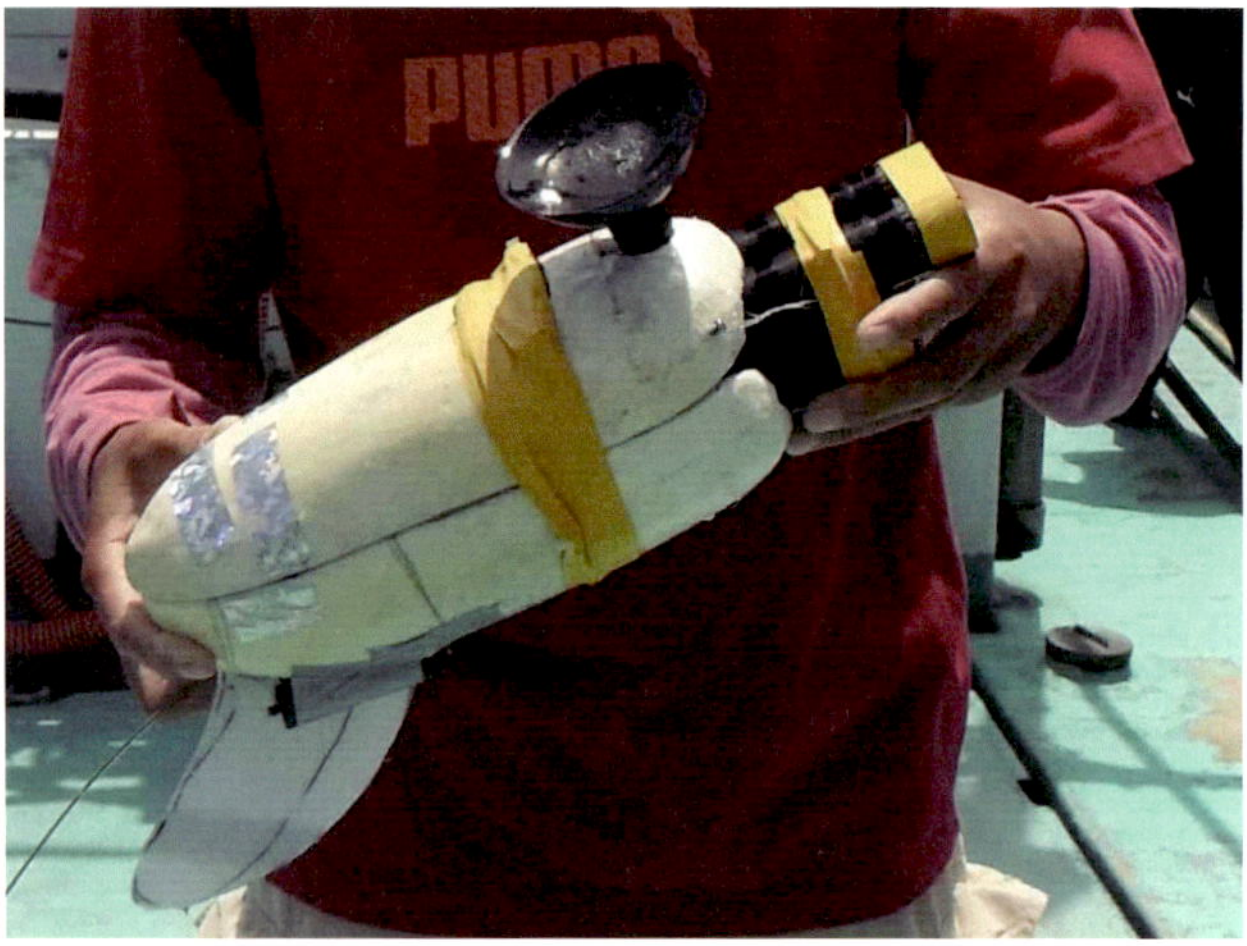

図 5-9　人の頭ほどのカメラタグ

うだが、やってみるしかない。

大きくなったカメラタグを携え、小笠原に向かった。青く晴れ渡った空、湖のように凪いだ海で、マッコウクジラはのんびりと泳いでいた。しかも、水面にはマッコウクジラが食べ残したと思われる巨大なイカの腕の一部が浮いていたり、イカをくわえたマッコウクジラを水面で見かけたりした。今度こそ、何かが写るかもしれない。しかし、クジラに取り付けたカメラタグは10分も経たずに外れてしまった。クジラが嫌がっている様子はなかったが、何度やってみても、タグがすぐに外れてしまう。タグが大きくなったせいで抵抗が増えて、外れやすくなってしまったようだ。しっかり吸盤を押し付けるようにしてクジラにカメラタグを取り付け、やっとデータが得られた。画像を見ると、昨年ぼやけていたクジラの姿は明瞭に写っている。抵抗が増えたのは残念だが、光源を増やした効果はあったようだ。ドキドキしながら、画像を一枚一枚拡大していくと、何だかもやもやしたものが写っている。何だろう？　イカの墨だろうか？　あるいはクジラのうんちだろうか？

台風の合間をぬって海に出て、さらに調査を続けるものの海況が悪く、思うようにクジラに近づけない。残りの調査期間が短くなり、焦ってきた。のんびり水面に漂っているマッコウクジラを見つけ、そろそろと近づいた。「いまだ！」クジラを狙って勢いよく振り下ろしたポールは、クジラに当たらず、水面を打った。すぐに引き上げようとしたが、船が惰性で進んでいたこともあり、ポールの先端はずるずると、あっという間に海中に吸い込まれていく。もう人の手では引き上げられない。ついにはポールを船に固定していた金属製の台を吹き飛ばし、メキメキとすごい音をたてて折れて、海中に沈んで行った。ポールが引っかかった船の手摺はぐにゃりと曲がっていた。幸い怪我人はいなかったが、人が挟まれていたらただでは済まなかっただろう。1本50万円のカーボン製のポールも折れてなくなってしまったし、誰かを怪我させてしまったかもしれないと思うと、私はすっかり怖じ気づいてしまった。

結局、調査は2ヶ月にわたったものの、3頭からしかデータを得られなかった。安全にもっと効率よく、カメラタグを取り付ける方法を考えなければならない。

図 5–10　小型のボートでマッコウクジラの頭を狙う 動画あり

三年目：回るクジラと折れそうな心

安全かつ効率よくカメラタグを取り付けるために、調査チーム総出で機材の改良に取り組み、3年目からは小回りの効く小型の船を使うことにした（図5－10）。海況にも恵まれ、どんどんタグを取り付けていき、2週間で5頭ものマッコウクジラにカメラタグを装着することができた。昨年に比べれば格段の進歩だ。船の上で、データをダウンロードして、画像を見る。昨年と同様にもやもやしたものが写っている。さらに、カメララタグを取り付けたマッコウクジラの側を泳ぐほかのマッコウクジラも写っている。ドキドキしながら画像を一枚一枚丁寧に見ていったが、餌本体の画像はなかった。やはりマッコウクジラの口元付近を狙わないと、餌は撮影できないのかもしれない。

マッコウクジラの口元を撮影するために、曳航式のタグを作製し再度小笠原を訪れることにした。吸盤とカメラをワイヤーでつなぎ、なるべくカメラをクジラの体から離すことによって口元付近を狙うという作戦だ。完成したタグを海水浴場でテストすると、うまい具合にカメラ部分が安定して曳航されている。これならマッコウクジラの口元付近を撮影できるかもしれない。

期待を胸に、沖合に向かった。マッコウクジラはいつものように海面でのんびり過ごしていた。じっくりと頭の先端を狙ってタグを付けた。やった！　これで餌が写るかもしれない、と思ったのも束の間、タグを取り付けたマッコウクジラは勢いよく体をひねって、ローリングし始めた。こんなマッコウクジラを見たのは初めてだ。まるで丸太が転がるように、マッコウクジラはクルクルと回転しながら潜っていった。しばらくすると、あちらこちらに散らばっていた群れのほかのマッコウクジラが1ヶ所に集まり始め、最終的には7、8頭の群れになり、互いに身を寄せ合ってそのクジラが潜っていった付近を遊泳し始めた。許されない一線を越え、クジラの逆鱗に触れてしまったのかもしれないと不安になった。やがて、1時間ほど経った頃、タグが脱落して海面に浮かんだことを知らせる、ピ、ピ、ピ…という発信音が聞こえた。発信音のする方向に行ってみると、タグが見つかった。ところが、吸盤と吸盤の上に付けた行動記録計は残っていたが、曳航していたカメラ部分がなくなっていた。吸盤とカメラ部分をつないでいたワイヤーが切断されてしまったのだ。早速行動記録計をパソコンに接続し、データをダウンロードして見てみると、マッコウクジラはカメラ部分を切り離すまでぐるぐるとローリングしながら泳いでいる様子が見て取れた。これまで何十頭ものマッコウクジラに吸盤でタグを付けてきたが、こんな反応は初めてだ。せっかくつくったタグも、貴重なカメラも光源とともになくしてしまった。翌日から気持ちを切り替え、従来のカメラタグをどんどん取り付けていった。しかし、餌本体は写らない。海から戻ったら、宿で予備の材料で曳航式タグをつくった。心が折れそうだったが、もう一度だけ試してみたかった。ぐるぐるローリングしたのは、たまたま神経質な個体に付けてしまったからなのかもしれない。あるいは、曳航されたタグがぶらぶらと揺れて、泳いでいるクジラの頭にコツコツと当たるのが嫌だったのだろうか。これまでのタグは吸盤に固定されていたため、タグ本体が体に当たることはなかった。タグがぶらぶらしないように、曳航部分を短くし、さらにワイヤーと硬めのチューブを使って吸盤と浮きをつなぐことにした。3日後、完成したタグを大事に抱えて、海に向かった。神様とクジラに祈るような気持ちでクジラにタグを装着したが、クジラはやはりぐるぐるローリングしながら、水中に潜って行った。そしてタグは二度と浮かんでこなかった。

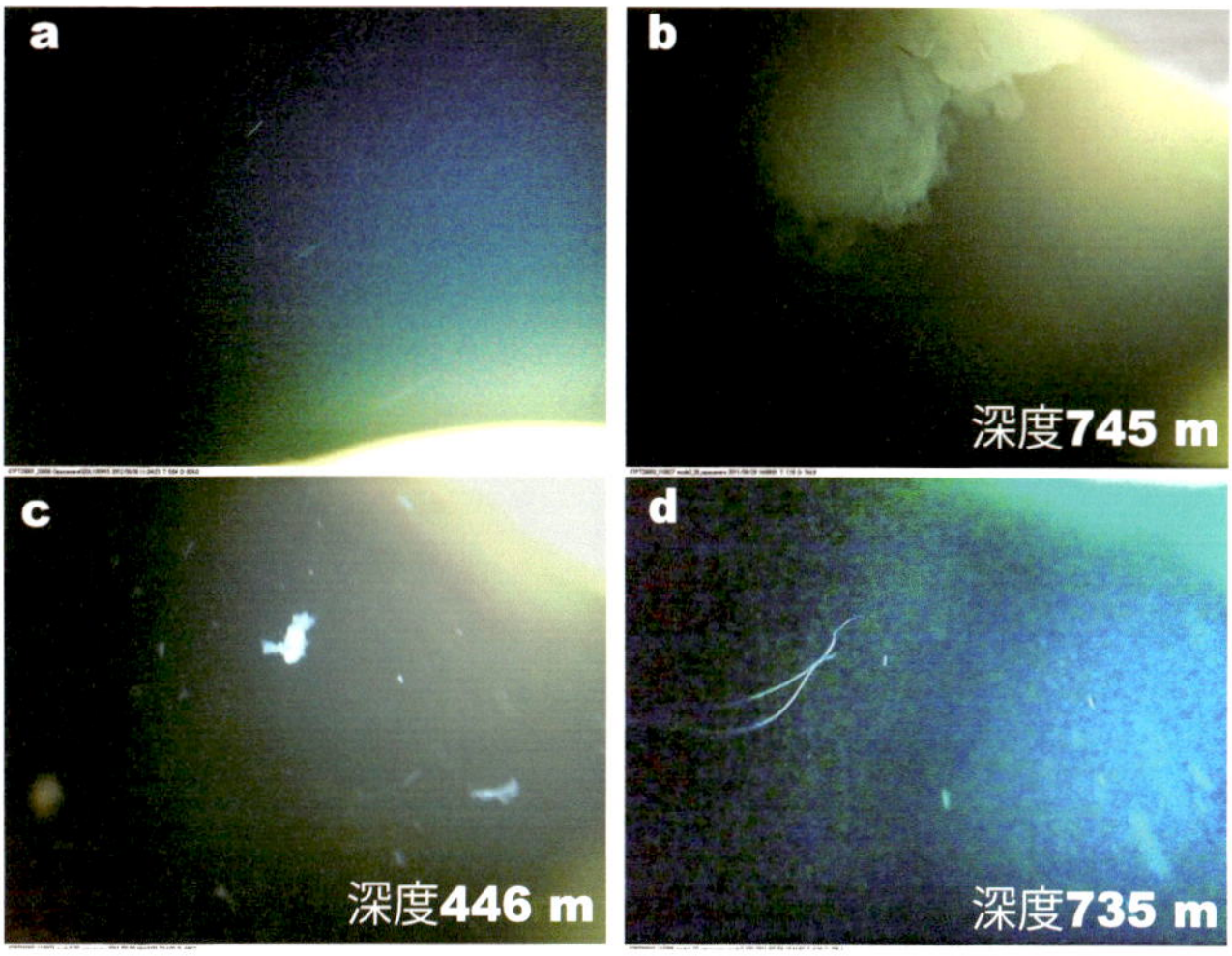

図5–11　マッコウクジラが撮影した写真

a：ほとんどの写真で何も写っていない。b：イカの墨のようなもの。c：食べかすのようなもの。　d：イカの触腕のようなもの。Aoki et al. 2015の図2より。動画あり

暗闇で煙幕!?

残念ながら、餌本体を撮影することはできなかったものの、餌を捕獲した痕跡を撮影することに世界で初めて成功した。その結果を紹介したい。

マッコウクジラに取り付けたカメラで、2万枚弱の写真を撮影した。写真のほとんどは、何も写っておらず濃紺の海が広がっている（図5－11a）。一枚一枚丁寧に何度も見ていくと、餌の痕跡と思われるような写真が20枚だけ見つかった（図5－11b－d）。イカの墨のようなもの（図5－11b）、食べかすのようなも

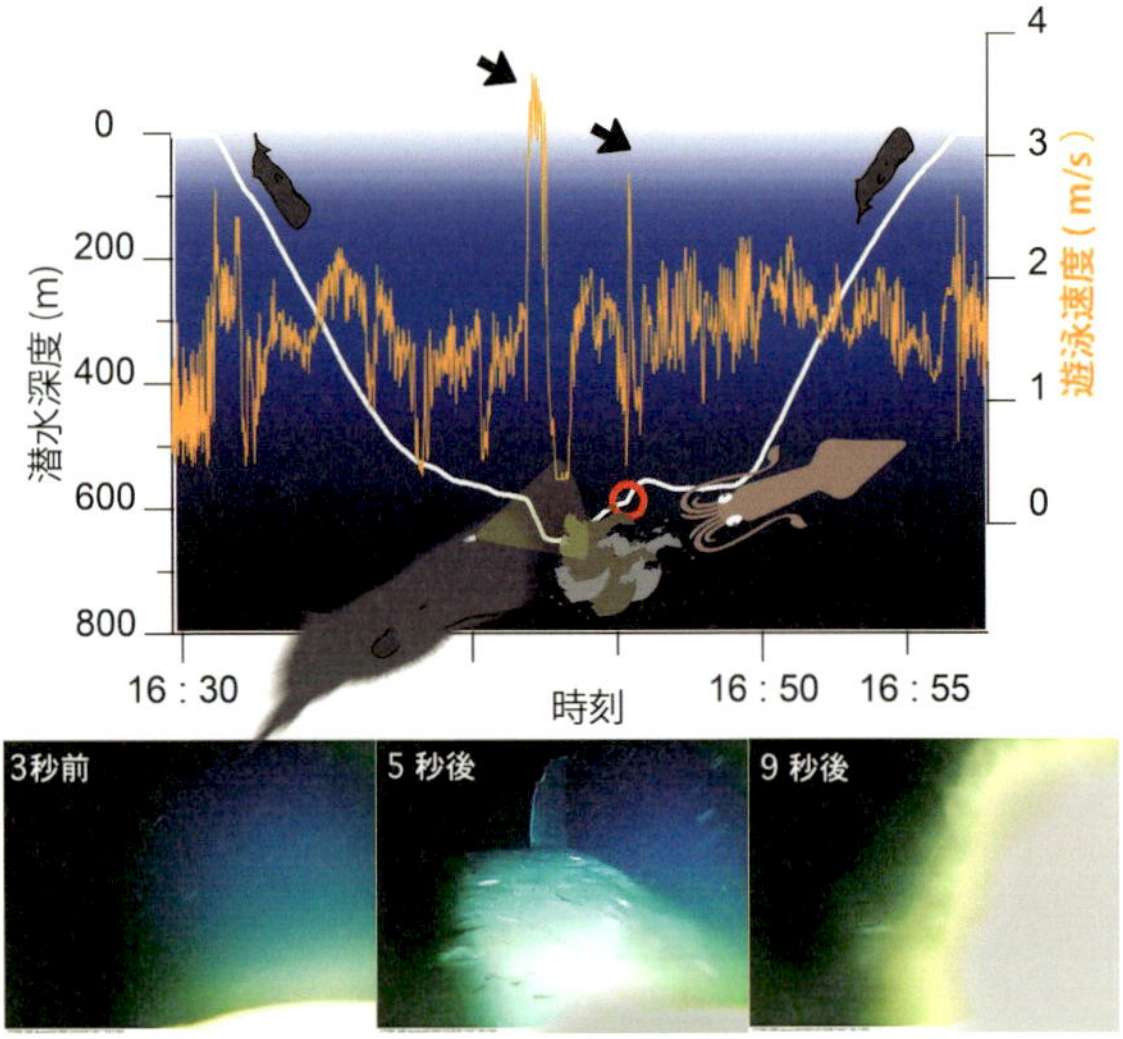

図 5−12　ダッシュしている間に撮影されたイカの墨のような写真
矢印の時点でクジラがダッシュし、赤丸の時点でイカの墨のような写真が撮影された。ダッシュの最大速度からの秒数を写真に示した。9 秒後の写真で、イカの墨のようなものが光源に反射し画面全体が明るくなっている。

の（図5－11c）、イカの触腕のような写真だ（図5－11d）。これらの写真はどれも、マッコウクジラが普段餌を探して捕まえていると思われる深度で撮影されていた。撮影された前後の行動を、カメラと同時に取り付けていた行動記録計のデータから調べた。すると、これらの写真が撮影されていた時、クジラがダッシュしていたことが分かった（図5－12）。イカの墨のような写真はダッシュによる最大速度の7秒前から17秒後にかけて撮影されたことから（図5－11b、図5－12中の 9 秒

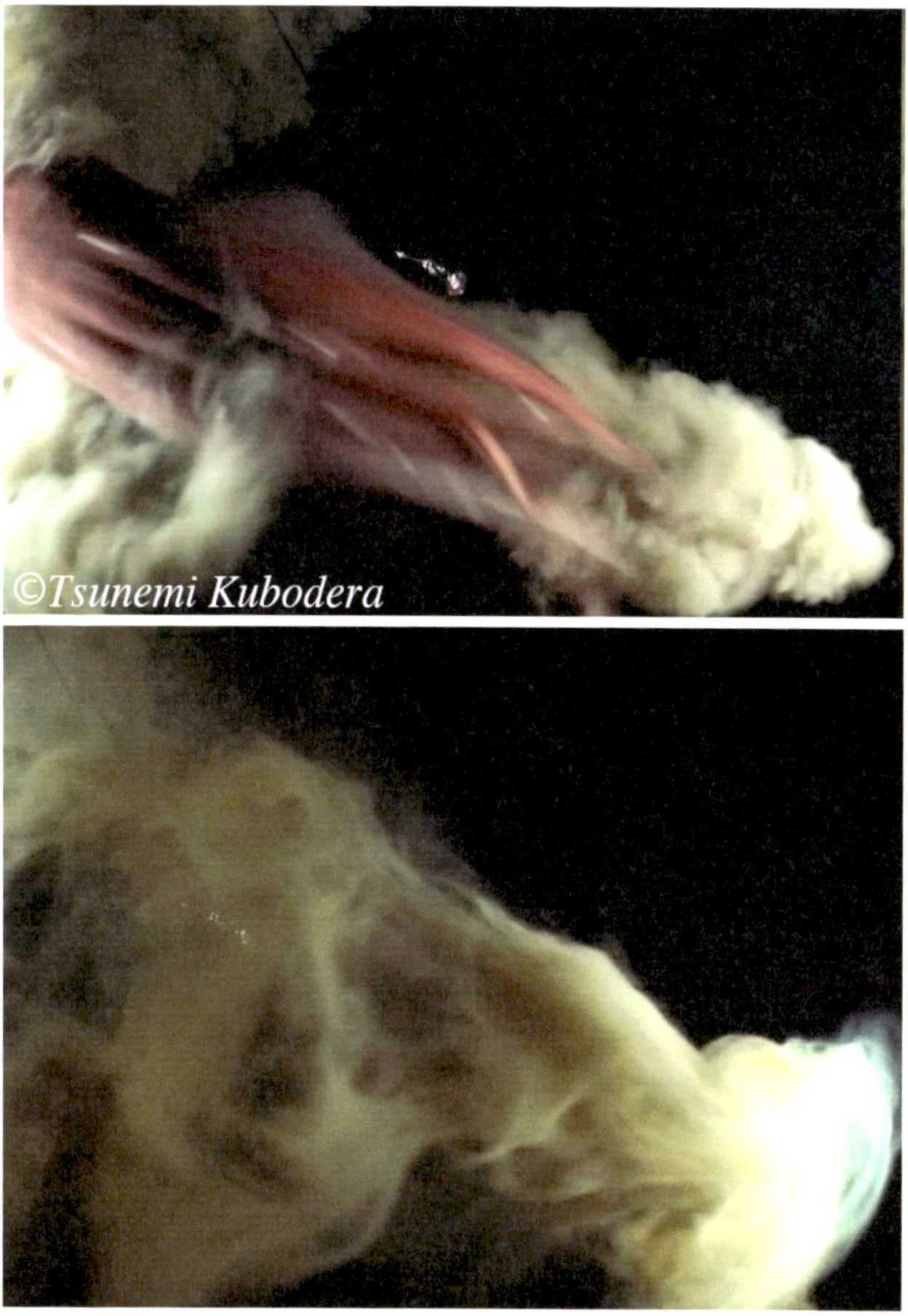

図 5-13　深海でアカイカが墨を吐く
小笠原諸島付近の深海に設置されたビデオカメラで撮影された。Aoki et al. 2015 の supplemental movie B より。動画あり

後)、おそらくクジラに追われたイカが吐き出した墨が写ったのだろう。図5－13は小笠原諸島付近の深海に設置したビデオカメラで撮影したアカイカが墨を吐く様子だ。クジラに搭載したカメラが撮影したのと、とてもよく似た映像が撮影されている。真っ暗な深海で、音を頼りに探しているマッコウクジラにとって、イカの墨は煙幕の役割を果たすだろうか、それとも断末魔の悲鳴代わりに吐き出した墨なのだろうか？　調べれば調べるほど、謎は深まるばかりだ。

イカはどのようにマッコウクジラを見つけているのか

マッコウクジラの捕獲行動を明らかにするためには、主な餌である深海性の頭足類の行動生態を知ることも重要だ。マッコウクジラはイカに食べられることはないが、深海性のイカにとって、マッコウクジラとの攻防はまさに死闘だ。深海性のイカは、なるべく遠くからクジラの存在に気づいて逃げ切りたい。マッコウクジラは潜っている間、四六時中カチ、カチと音を出しているため、音が聞こえれば簡単にクジラの存在に気がつくはずだ。ところが驚くことに、イカはクジラの発する音が聞こえない。イカの聴覚を調べた実験では、イカは水の動きを振動として感知できるが（数百Hzの低周波）、マッコウクジラのクリックス（5～25㎑）は感知できないことが分かった。それでは、イカはどうやって接近してくるクジラを察知するのだろうか？　頭足類の中で最大のダイオウイカやダイオウホウズキイカはあらゆる動物の中で最も大きな眼をもっている。

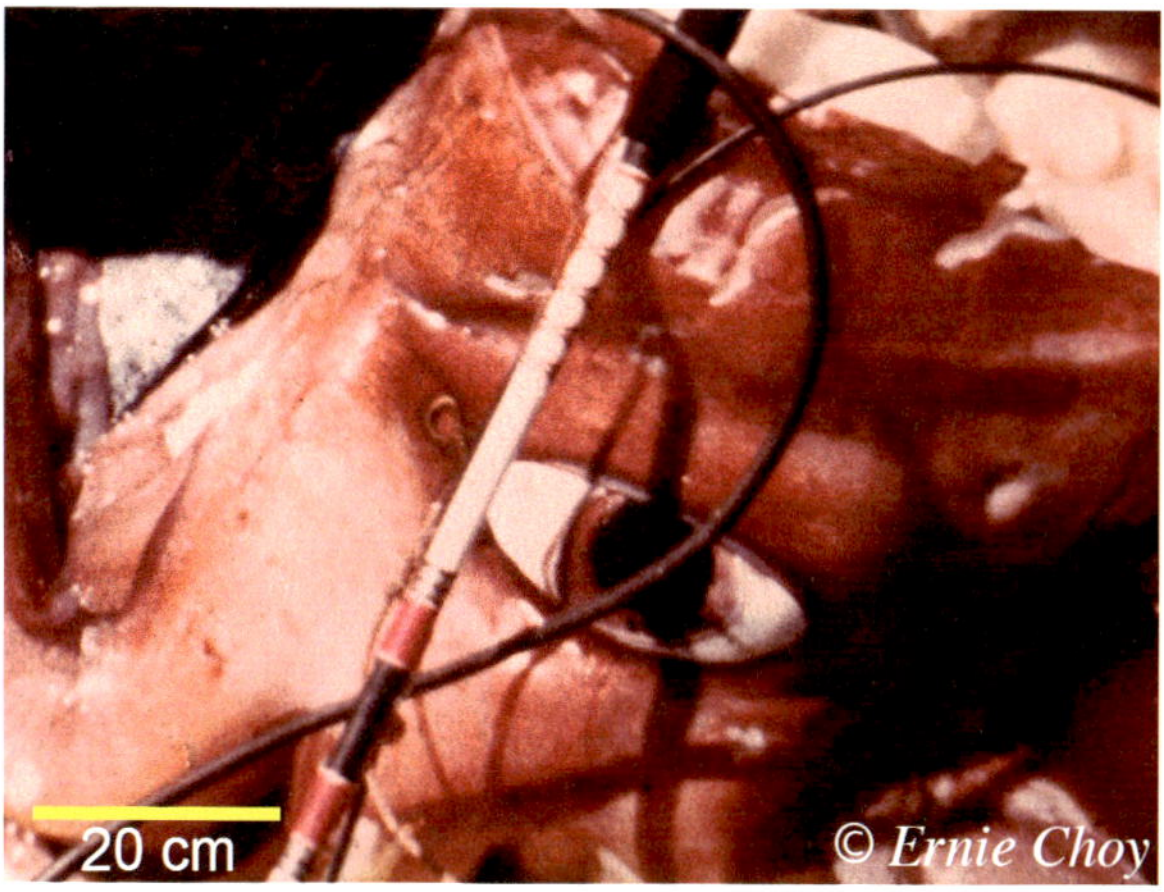

図5-14　巨大なダイオウイカの眼
Eric Warrant 博士提供。

人間の眼はおおよそ直径2・4㎝、マッコウクジラの眼の直径は5・5㎝だ。一方、ダイオウイカやダイオウホウズキイカの体長はマッコウクジラと同じくらいだが、その眼は直径27㎝にもなる（図5－14）。地球上で最大の体の大きさを誇るシロナガスクジラは全長25ｍ、体重120ｔになるが、眼の大きさは直径約15㎝程度で、これらのイカの半分しかない。一般的に、眼が大きいほど暗いところでもものが見えるし解像度が高い。つまり、これらの巨大なイカはとても優れた視力の持ち主である。マッコウクジラを探知するために眼が巨大化したという説もある。

あるいは、マッコウクジラは深海で光って見えているかもしれない。マッコウクジラはもちろん発光しないが、深海生物の多くは生物発光する能力をもっている。たとえば、夜の海で波打ち際がキラキラと光ったり、手で海水をかき混ぜると海水がキラキラ光ったりするのを見たことがないだろうか。水がかき回された時の物理的な刺激に反応して、夜光虫とよばれるプランクトンはキラキラと発光する。マッコウクジラは潜水中、秒速1・5～1・7ｍで泳ぎ、時にダッシュする。マッコウクジラが泳いだことによって水がかき回され、周囲のプランクトンの生物発光を促している可能性がある。マッコウクジラの体が深海にいるプランクトンによって光って見える場合、ダイオウイカの視力は深度600ｍで120ｍ手前からマッコウクジラを見つけられるほど高いといわれている。果たして、マッコウクジラが深海で光っているのか、高感度動物カメラを取り付けていつか見てみたい。

マッコウクジラの祖先は、かつては浅海でシャチのように中型のヒゲクジラ類を捕食していたという。ところが、ある日彼らの中に深海性のイカを食べるものが現れた。深海での行動を一歩一歩調べていけば、大昔から続いているマッコウクジラと深海性のイカとの攻防の一部始終を明らかにできる日が来るはずだ。

なぜか一緒に潜るクジラたち

マッコウクジラの採餌行動を撮影するために取り付けたカメラによって、予想もしていなかったクジラの触れ合い行動が撮影された。思えば私たち人間を含め、哺乳類にとって触れ合いは大切だ。たとえば、赤ちゃんをあやすお母さん、ケンカ後の握手などだ。動物カメラから分かった社会行動を紹介する。

マッコウクジラの雌と子どもは10～20頭の群れで生活している。子どもが生まれれば、母親はもちろん子育てに勤しむが、親戚や血のつながっていない妙齢の雌も子育てに協力する。雌と子どもの群れは1日のうち数時間、深く潜るのを止めて水面近くに集まって、互いに体を寄せ合ったり触れ合ったり、鳴き交わしたりする。

マッコウクジラに取り付けた動物カメラで撮影した約2万枚の写真のうち、水面から深度300mの間で撮影された約230枚の写真には一緒に泳ぐほかのマッコウクジラが写っていた。餌を捕獲するような深い深度では、ほかの個体は写らなかったので、協力して餌を探し捕まえているわけではないようだ。ほかの個体が写っている写真を一枚一枚丁寧に見ていくと、一緒に潜降したり、体を触れ合わせたりしていることが分かった（図5－15）。このような体を触れ合わせる行動はボディーコンタクト、なかでも胸びれで相手の体をこする行為はラビングとよばれ、霊長類でみられる社会的グルーミングと同じ意味をもつといわれている。社会的グルーミングとは、ほかの個体を毛づくろいすることで、個体同士の絆を深めたり、ケンカ後の仲直りや上位個体にゴマをすったりする機能がある。ほかの個体と仲良くするための大切なコミュニケーション手段だ。これまでボディーコンタクトやラビングは浅い海を泳ぐイルカや飼育下のクジラで観察されてきたが、潜水中のマッコウクジラでも行われている様子を動物搭載型のカメラで初めて捉

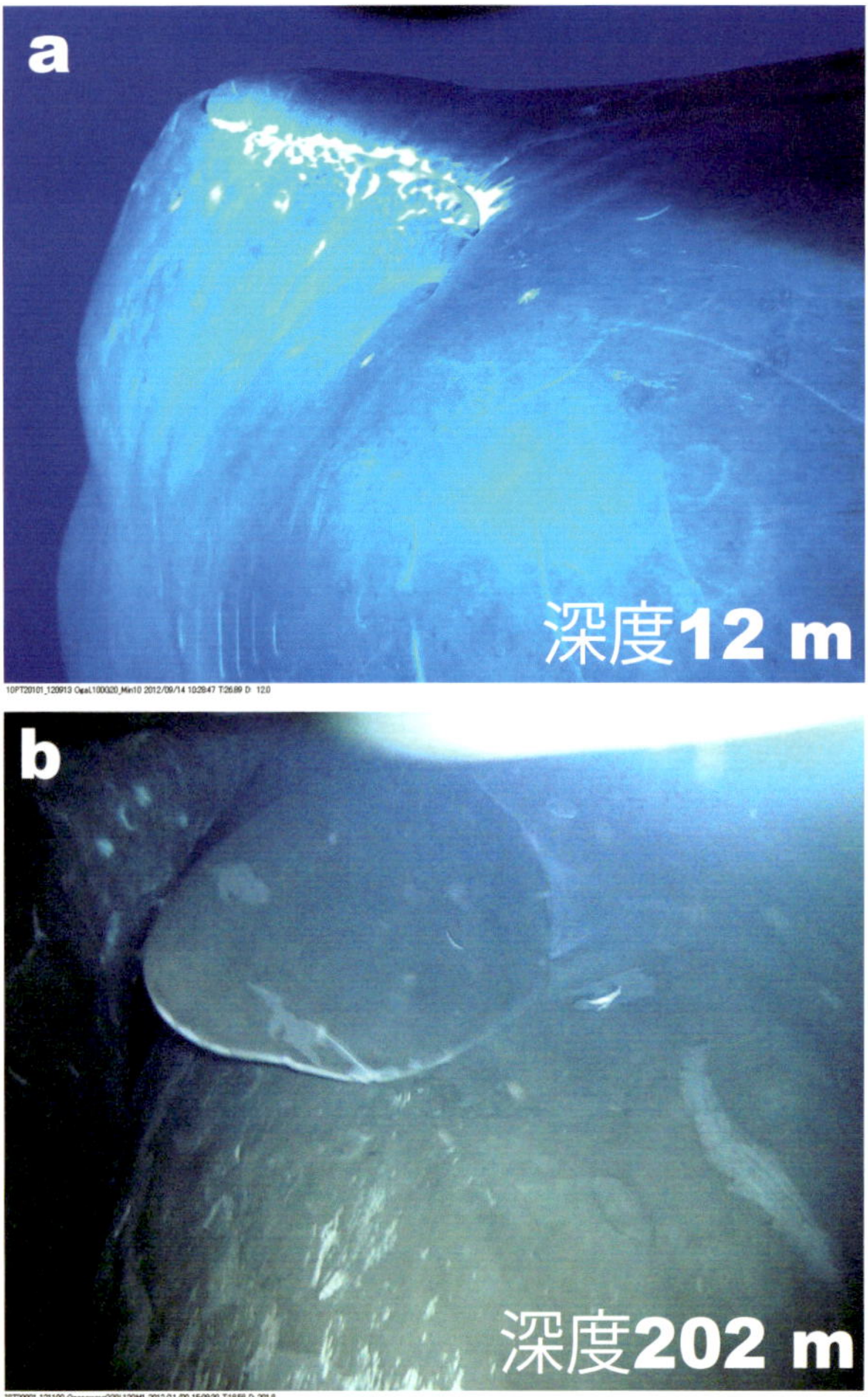

図 5–15　カメラを装着したマッコウクジラの側を泳ぐほかの個体
a：一緒に泳ぐ様子。b：2 頭が互いに体を触り合う様子。Aoki et al. 2015の図 2より改変。動画あり

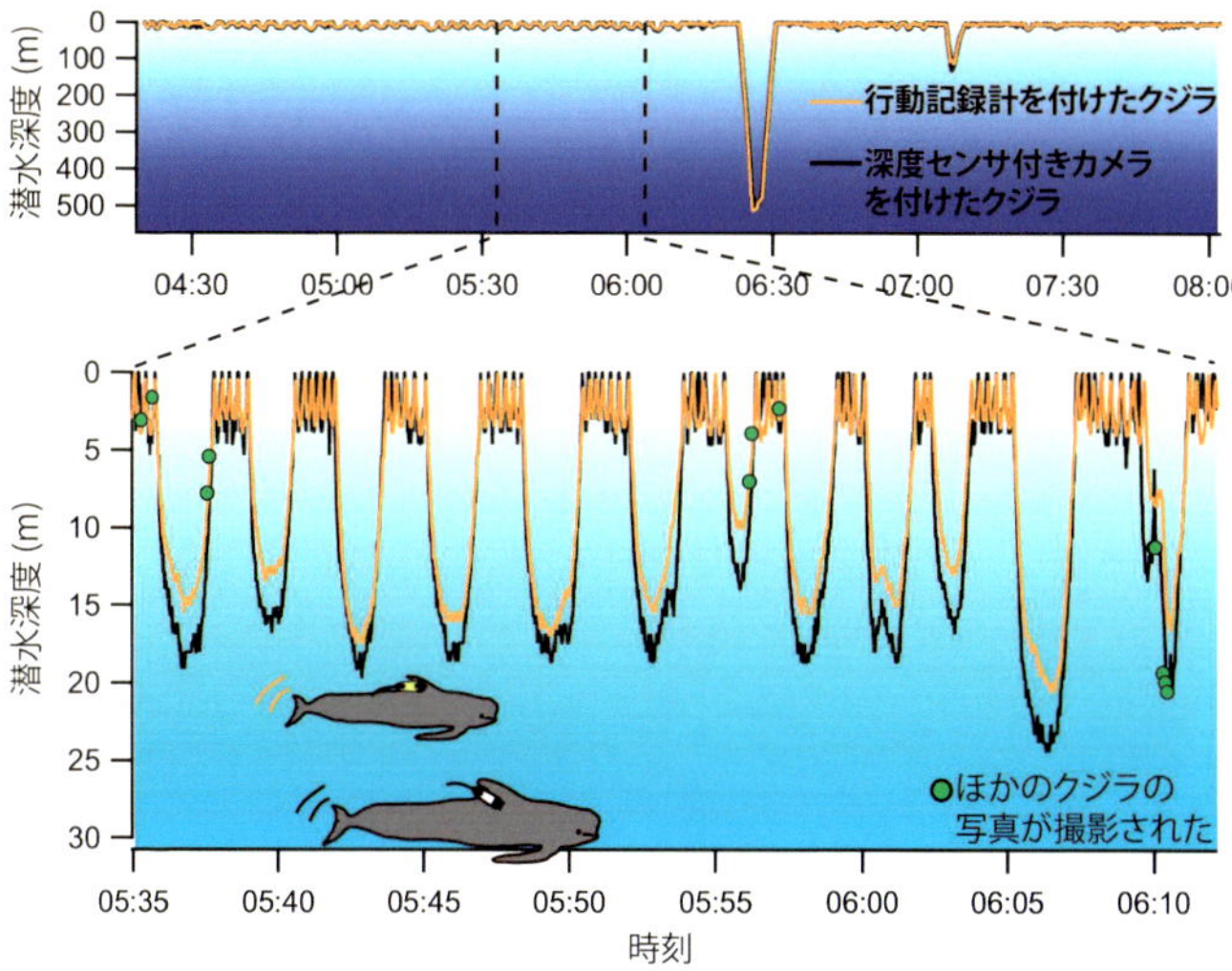

図 5–16　同調して泳ぐ２頭のヒレナガゴンドウ

えることができた。

　マッコウクジラと同じように深い潜水を行うヒレナガゴンドウも、潜水中にボディーコンタクトを行う。ヒレナガゴンドウは、10～25頭程度の群れで生活し、深度600mを超える深い潜水を行う真っ黒い魚雷のようなクジラだ。ノルウェーの沿岸域で、3頭で遊泳していたヒレナガゴンドウ1頭に行動記録計を、もう1頭にカメラを取り付けたところ、2頭はぴったり同調して遊泳しており（図5－16）、時々お互いの体を触り合っていることが分かった（図5－17）。ほかのクジラが胸びれでカメラ装着個体の体に触れることが最も多く、次いで互いに体と体をく

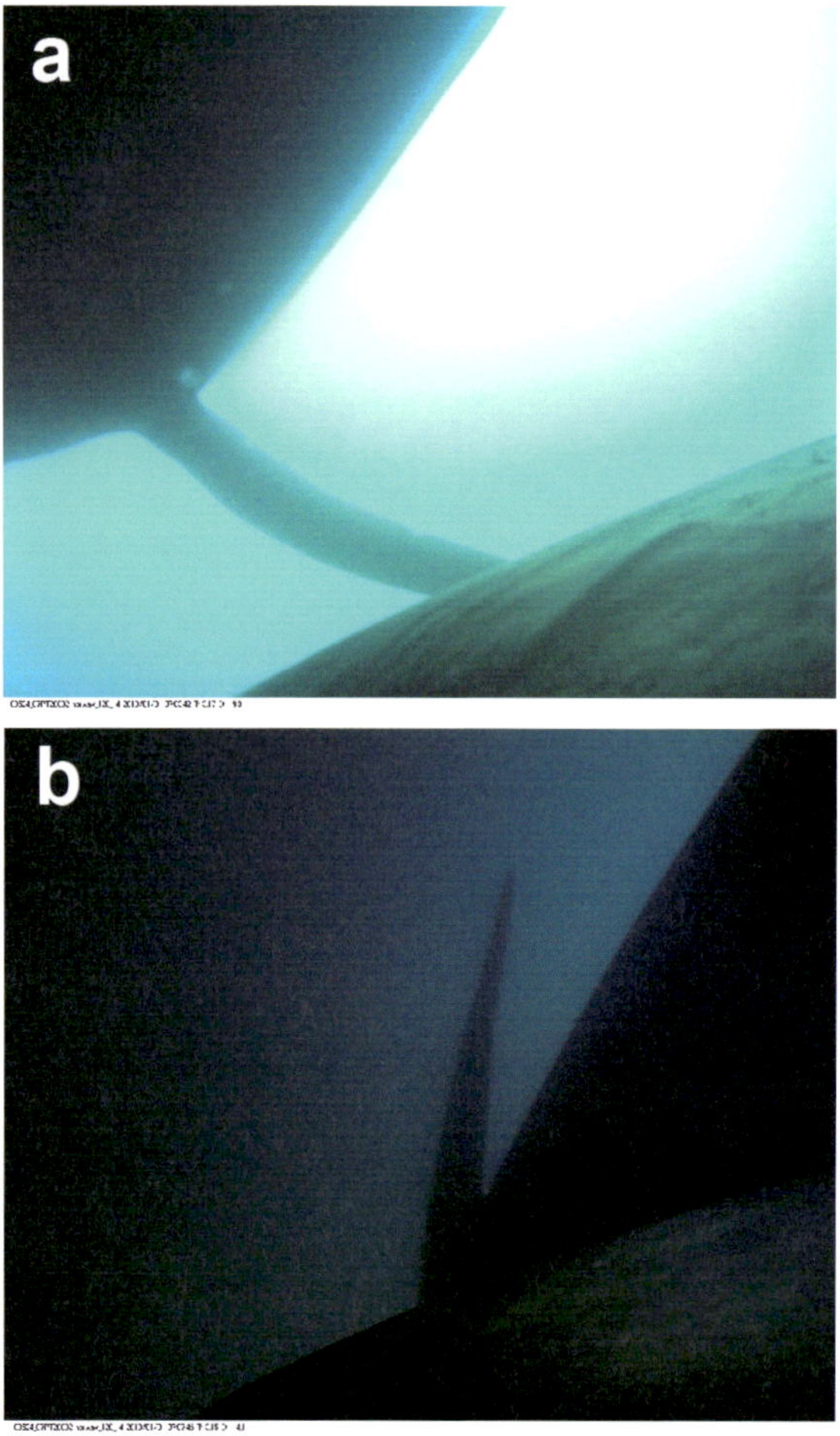

図 5-17　ヒレナガゴンドウが撮影したほかの個体
a：ほかの個体が胸びれでカメラ装着個体を触っている。b：2 頭が互いに体を触り合う様子。Aoki et al. 2013の 図 7より改変。 動画あり

っつけ合うような行動が多かった（図5－17）。一方、カメラ装着個体が胸びれでほかの個体に触る行動はみられなかった。このような偏りから、クジラたちは体をこする相手を選んでいると思われる。霊長類の社会的グルーミングと同様、鯨類のボディーコンタクトも、状況や相手によって様々な意味があるのだろう。ヒレナガゴンドウのカメラ装着個体は大人の雄で、一緒に泳いでいたほかの2頭は雌あるいは雄の若者だ。もしかしたら、大人の雄はほかの個体より偉いため、体をこすってあげるより、体をこすってもらう方が多いのかもしれない。あるいは、若者が大人相手に体をこする練習をしていたのかもしれない。

マッコウクジラの場合も、ヒレナガゴンドウと同様に、深い深度でも社会行動によって個体同士の絆を強めていたのかもしれないし、あるいは、近くにいたマッコウクジラがカメラを付けられてしまった個体を慰めていたのかもしれない。いったい彼らは何を意図して体を触り合っているのだろう。大海に棲む彼らの社会性は謎だらけだ。しかし、このような観察を重ねていけば、誰と誰の仲がよいのか、誰が優位なのか、群れの中のクジラ関係や体を触り合う行動の意図が分かる日が来るはずだ。

column

ヨットで北極圏へ

（青木かがり）

図5–18　並んで泳ぐキタトックリクジラ

野生動物の調査はどれも大変だと思うが、クジラはその中でも特に手間がかかる。まず海に出て、クジラを探さなければいけない。もちろん海況が悪ければ海に出られない。海に出てクジラが見つかっても、近寄れないこともある。クジラに接近することができて、ようやく動物カメラや行動記録計を搭載したタグを取り付けるためのポールや空気砲などの飛び道具を構える。狙いを定め、エイやとポールを投げたり、空気砲で矢を打ち込んだりする。残念ながら外してしまうこともある。クジラを捕まえてタグを取り付けることができたら、どんなに楽だろうといつも思う。

アイスランドを出航し北極圏の孤島、ヤンマイエン島付近に、ヨットでキタトックリクジラの調査に行った（図5－18、5－19）。好奇心旺盛でしばしば船に寄ってくることで有名なキタトックリクジラは、1970年代まで商業捕鯨の対象であった。この間8万頭近く捕獲された。現在商業捕

図 5-19　調査船　プロリフィック号
下図は船の先端の拡大図。

図 5-20　タグと空気砲

先端に取り付けられているのがタグ。高圧の空気によって飛ばす。射程距離は約 15 m。

鯨は禁止されているものの、個体数は未だに4万頭弱と推定されている。調査全体の目的はキタトックリクジラの基礎生態を明らかにすることで、数ある調査項目の一つとしてクジラへの行動記録計の取り付けが行われた（図5－20）。私自身はキタトックリクジラの採餌行動を明らかにするため、カメラを取り付けることを目指した。北極圏の夏は日が沈まないので、調査は昼と夜のワッチに分かれて24時間体制で行われることになった。

1ヶ月の航海の間、水や燃料を途中で補給することはできない。そのため、シャワーを浴びることはできない。何日も同じ服を着ることになるので、寝袋と靴下はとくに臭くなる。一週間もすると頭がかゆくて仕方なくなるので、小さな鍋に海水を湧かして頭と体を洗う。気温は5℃、震えながら頭の先から順に石けんをこすりつけ、暖めた海水をかぶって洗い流す。海水と日光にさらされて髪も肌もぼろぼろ、しみそばかすもでき放題だ。寒さと睡眠不足、プレッシャーのせいか、たくさん食べるのでどんどん太る。美容には最悪だ。でも、そんなことはもうどうでもいい。とにかくクジラのデータが欲しいのだ。

船が港から出発してすぐ、ヨットの船長のクリスは、甲板と船室を行き来するための階段に、「調査員はここを通るな」と書いたテープを貼って階段を塞いだ。「間違って触ったら危ない計器が階段の側にあるから通るな」と言う。クリスの主な業務は小中学生対象の航海実習で、鯨類の調査を行うのは初めてだ。我々は子どもではないのだから、言ってくれれば勝手に触らないのに…。甲板に出るためにいちいち船尾まで行き、梯子を上り下りして、遠回りしていたら調査にならない。私はとりあえず英語が分からないふりをしてこっそり階段を通ってみたが、案の定見つかって怒られてしまった。「船に乗っている間は俺がお前らの先生だ。俺に任せておけ。」と言う。結局交渉の末にクジラがいた時だけそこを通ってもよいことになったが、調査に協力してくれるのか不安になった。

ヤンマイエン島周辺のキタトックリクジラがよく現れる海域に到着し、調査を始めて数日経った頃、突然「あと30時間分しかエンジンを動かせない」とクリスが言い出した。「え？　残り3週間も調査があるのに、なぜ？」とクリスに聞くと、「言われた通り燃料は十分積んできた。お前たちが使いすぎだ」と言う。調査チームのリーダーは体調を崩して寝込んでおり、話し合いができる状態ではない。「燃料十分積んでこいって言ったけれど、どれくらい必要か伝わっていなかったのかなあ」と、言いながら再び寝込んでしまった。給油するにもアイスランドとヤンマイエン島を往復するのに1週間かかってしまう。燃料を十分積んでこない船で調査に出るなんて、普通はあり得ない。ヨットには違う常識があるのだろうか。やむを得ず、その日から燃料を使わずヨットの帆を上げ風の力に頼り、調査をすることになった。

風のない快晴の日だったので、船はほとんど止まるような速度で進んでいた。クジラが見つからなければ海を見ているだけなので暇だ。私がぶらぶらしていると、無口でやさしいスペイン人の船員ヨスが「操船してみたい？」と尋ねてきた。最初は船が右へ左へとふらふらしてしまったけれど、真っすぐ進むだけなら車の運転と似たようなもので、慣れると思ったより簡単だ。クリス船長はキャビンから出てきて渋い顔をして私を見ていた。

その時、いきなりクジラが現れた。しかも船に近寄ってきた。やばい、タグを準備しなきゃ。リーダーはまだ寝こんでいるし、誰が空気砲でタグを飛ばすの！　私？　私か？　と思い慌てて、クリスに舵を頼み準備をした。クリスが船の進行方向はこのままでいいのか聞いてくるが、キタトックリクジラの調査が初体験の私に分かるわけがない。空気砲を構えクジラに狙いを定める。クジラはあっちに行ったりこっちに行ったり、なかなか射程内に収まらない。緊張の連続ですごく疲れてきた。いちかばちか狙いを定めて打ったが、外してしまった。

キタトックリクジラは船に近寄ってこなくなり、いつの間にかお昼になっていた。ばたばたしていてご飯を食べる暇がなかったので、船に乗る前に買いだめしておいたチョコレートをばりばり食べた。同じワッチのフィンランド人のサーナも、彼女の大好きなリコリッシュというフィンランド名物の黒いキャンディをもぐもぐ食べていた。甘いものを食べると頑張れる。

風が少しずつ強くなり、ヨットは追い風に乗ってぐんぐんとスピードを上げた。私は操船しながらクジラを探していた。あっ、クジラだ。しかし、数百ｍは離れているようだ。無意識のうちにクジラのいる方向に柁を切った。帆がバンっとびっくりするような音をたてた。船室から驚いて出てきたクリスに向かって、「あっちにクジラが…」と言うと、クリスは「帆の向きを変えるので、言われた通りの進路を保て。225度。続いて180度…。」と言った。言われた通りゆっくり柁を切る。クリスがほかの調査員ルナと一緒に、ロープを引っ張り帆の向きを変えていく。無事にクジラに向かってヨットが走り出した。クジラに近づいてくると、リーダーがふらふらしながら甲板に出てきた。よろよろしながら、空気砲の発射準備をしている。私も自分のカメラタグの準備を始めた。

クジラが船に近寄ってきた。船首に立ち、カメラタグをポールの先に取り付けて構えた。クジラは船の周りをうろうろしているが、ポールが届く範囲に近寄ってこない。ダメだ、遠すぎる。これでは届かない。船首からさらに伸びたバウスプリット（船首の先に飛び出しているポール。帆のロープをつないである。図5－19）に行けば、クジラに届きそうだが、クリスは安全上の理由からそれを許可しなかった。リーダーは相変わらずふらふらしていたけれど、調査員ルナはしっかりと空気砲を構えていた。よし！　いまだ、と思った時に空気砲から放たれたタグは、ぺたんとクジラに付いた！　やったー！　ポールでタグを取り付けるのは難しそうだが、空気砲ならば大丈夫そうだ。カメラタグも空気砲で飛ばすことができればよいのだが、普通のタグの3倍以上の重さのカメラタグは、重すぎて空気砲で飛ばすことはできない。

自分のワッチが終わってから船室に戻ると、クリスによばれ書類を手渡された。そこには、安全を考慮してバウスプリットに行くための手順が書かれていた。手順書によると、船員数人がかりで帆を降ろしてバウスプリットにくくりつける必要があるようだ。命綱をつけて作業するため、時間もかかってしまう。調査中に私のためだけに、そんな手間のかかる作業をすることは不可能だ。何よりほかのメンバーに申しわけない。仮にエンジンで動いていたら、帆をしまう手間が省けたかもしれない。だが、もはや燃料はなくエンジンを動かすことはできない。この手順を踏まなければ、「絶対にバウスプリットに行けないのか」とクリスに改めて聞くと、「そうだ」と言われた。八方塞がりだ。

調査中旬のある日、強風が吹き始めた。マストはきしみ、帆はばたばたと揺れた。帆を早く降ろさないと、マストが折れてしまいそうだ。船員の1人が柁をとり、2人がかりで帆を降ろそうとするが、たるんだ帆が風に引っ張られて、なかなか降ろすことができない。私はマストを駆け上がっ

図 5–21　ヒレナガゴンドウにカメラタグを取り付ける 動画あり

て、体全体で帆を押さえた。「エクセレント！」クリスが初めて本気で私を褒めた。チャンスだと思い、「今度クジラが現れたら、タグを取り付けるためにバウスプリットに行かせてくれ」と再度頼んだが、「手順を踏まなければ駄目だ」と断られた。私を認めてくれたら多少の危険な作業でもやらせてくれると思ったのだが、無理だった。

結局マストの先端が折れてしまい、ヤンマイエン島にある軍事施設に向かい、その基地で修理することになった。

クジラは気まぐれで、船に寄って来たり来なかったりしたが、空気砲でのタグの取り付けは順調だった。カメラタグの取り付けをそう簡単に諦めてしまうのも癪だったので、私は船首に立ちポールを構え続けた。軽いタグは空気砲から飛ばすことができるので船首に行く必要は無いが、重たいカメラタグは船首からポールで付けるしかない。私を哀れに思ったのか、自分のワッチの時以外でも屈強な船員や調査メンバーがポールを構えて、カメラタグを取り付けようとしてくれた。でも、結局1回もカメラタグはキタトックリクジラに付かなかった。残念だ。

キタトックリクジラの調査が終わり、ノルウェー沿岸に向かった。ヒレナガゴンドウの群れがフィヨルド内にいるというので、それを狙うことにした。今度こそカメラタグを取り付けたい。日本で調査する時はお神酒を海にまいて願かけをするけれど、ここに日本酒はない。調査が終わってから飲もうと思っていた、とっておきのスコッチウィスキーを海にまいて、タグが付きますようにと願った。

フィヨルドの中はとても穏やかだ。ゴムボートに乗り込んで、ヒレナガゴンドウに近づいた。スコッチウイスキーの御利益か、カメラタグはあっという間にクジラに付いた（図5－21）。これがデータを取る最後のチャンス。ヒレナガゴンドウは狭い海域をうろうろしており、見失うことはなかった。自分のワッチが終わっても、回収したカメラをダウンロードしたりセットアップしたりと作業を続けた。昔は徹夜で働けたけど、アラサーを超えた身には栄養ドリンク替わりのチョコレートがないと辛い。買い置きしていた2キロのチョコを食べ尽くし、調査の間に8kg太っていた。しかし、調査最後の一日半の間に3頭のヒレナガゴンドウからデータを取ることができた。

参考文献

Amano Masao and Yoshioka Motoi. Sperm whale diving behavior monitored using a suction-cup-attached TDR tag.

Marine Ecology Progress Series 258 : 291–295 (2003).

Kagari Aoki, Masao Amano, Kyoichi Mori, Aya Kourogi, Tsunemi Kubodera and Nobuyuki Miyazaki. Active hunting by deep–diving sperm whales : 3D dive profiles and maneuvers during bursts of speed. ***Marine Ecology Progress Series*** 444 : 289–301 (2012).

Kagari Aoki, Mai Sakai, Patrick J.O. Miller, Fleur Visser and Katsufumi Sato. Body contact and synchronous diving in long–finned pilot whales. ***Behavioural Processes*** 99 : 12–20 (2013).

Kagari Aoki, Masao Amano, Tsunemi Kubodera, Kyoichi Mori, Ryosuke Okamoto and Katsufumi Sato. Visual and behavioral evidence indicates active hunting by sperm whales. ***Marine Ecology Progress Series*** 523 : 233–241 (2015).

Dan-Eric Nilsson, Eric J. Warrant, Sönke Johnsen, Roger Hanlon and Nadav Shashar. A unique advantage for giant eyes in giant squid. ***Current Biology*** 22 : 683–688 (2012)

Patrick J. O. Miller, Mark P. Johnson and Peter L. Tyack. Sperm whale behavior indicates the use of echolocation click buzzes 'creaks' in prey capture. ***Proceedings of the Royal Society B*** 271 : 2239–2247 (2004).

T. Aran Mooney, Roger T. Hanlon, Jakob Christensen-Dalsgaard, Peter T. Madsen, Darlene R. Ketten and Paul E. Nachtigall. Sound detection by the longfin squid (*Loligo pealeii*) studied with auditory evoked potentials : sensitivity to low–frequency particle motion and not pressure. ***Journal of Experimental Biology*** 213 : 3748–3759 (2010).

6章

ブッシュに潜むチーターの狩り

（渡辺伸一）

イリオモテヤマネコを追いかけた日々

琉球列島の南西部に沖縄県竹富町西表島がある。沖縄本島から400㎞南、台湾から東へ200㎞に位置する。年間を通じて温暖で湿潤な気候にあり、島の8割以上が亜熱帯の密林で覆われている。世界でもこの島だけに棲むイリオモテヤマネコの生態を調べようと、学生時代の私は悪戦苦闘していた。まだ、バイオロギングという調査手法を知る前のことだ。

調査の流れはこうだ。ヤマネコが頻繁に訪れる場所に、罠を仕かけて日没を待つ。夕暮れ後にヤマネコは活動的になり、明け方にかけて罠にかかる。電波発信器付きの首輪を装着して、再び密林へ放す。その後は、電波が飛んでくる方角をアンテナで調べ、ヤマネコがいる位置を地図上で大まかに確認する。この作業を1～3時間おきに24時間、約10日間続ける。これが、陸上哺乳類の追跡で知られるラジオテレメトリーという一般的な手法である。ヤマネコに会えるのは発信器を付ける時くらい。密林に潜む姿を見る機会はほとんどない。追跡には西表島の細い林道を行き来できる軽自動車を使い、大半の時間は車内で過ごす。追跡するヤマネコは、寝ているのか長い間じっと動かない場合もあれば、活発に動く場合もある。動き出すと、追いかけるのは大変だ。ヤマネコは密林の中をエスカレーターにでも乗っているかのように音も立てずに滑るように移動する。電波の向きが変化し始めると、ヤマネコが向かう先を推理して、慌てて車を走らせる。自分の予想が当たり、再発見できると（実際は電波を受信するだけだが）、ヤマネコのことが少し分かったような気になる。しかし、西表島には沿岸部の舗装道路と山中にいくつかの林道があるくらいで、先回りして待ち伏せることは難しい。振り切られて見失うことの方が多かった。ヤマネコを追いかけながら、ヤマネコが何をしているのかを想像した。餌を探しているのだろうか？いま頃餌を見つけ、襲って食べただろうか。あるいは失敗しただろうか。ヤマネコが食べる動物の中にはサキシマハブもいる。こんな猛毒をもつヘビと遭遇したら、噛まれないように注意しながら襲うのだろうか。時には噛まれて痛い思いもするのだろうか。そんな妄想を抱きながら、永遠とも思える長い10日間の追跡を行っていた。

ヤマネコが食べたものは、拾った糞から調べる。島中で拾い集めた1000個以上の糞の中身を分析した結果、76種類の動物を食べていることが分かった。この結果から、イリオモテヤマネコの食性は、世界中のネコ科の中で最も多様性が高いことが明らかになった。しかし、糞から何を食べているかを調べるのは、実に大変な作業だ。糞から丸のまま食べた動物が出てくるわけではない。昆虫の翅《はね》、カエルの骨、ヘビやトカゲのウロコ、鳥の羽、そうした動物のパーツがいくつも固まって一つの糞から出てくる。それぞれのパーツを自作の標本と見比べながら一つひとつ種類を調べていく。博物館にあるようなきれいな標本はつくらない。あくまでも糞の中に含まれたパーツから種を推定するためなので、あえてバラバラに分解した標本を作製する。採集した昆虫はすべてのパーツに分け、翅一枚でも種類が分かるようにした。道で轢かれていた鳥の死体を拾ってきて、抜いた羽を一枚一枚紙に貼り付ける。哺乳類は、種類と体の部分ごとに分けて体毛を比較できるように並べた。西表島には、島固有の動物が多いので、こうした標本は西表島で自ら採集してつくるしかない。76種を識別するためには、その数倍の種数の標本が必要で、私がいた研究室には膨大な量の標本と採集した糞の資料が並んでいた。糞から出てきた一つの骨片、一枚の羽から動物種を特定する。一つひとつパズルのピースを埋めていくような作業をひたすら繰り返すと、ヤマネコを頂点とした西表島の生態系がぼんやりと浮かび上がる。

根気のいる調査を続けながら、私の20代は過ぎていった。10年ほどかけて、イリオモテヤマネコと様々な餌動物との関係を明らかにした。何種類の動物を食べたか、どんなところを利用したかを知ることはできた。しかし、追跡調査でも食性分析の結果でも、「多分」「だろう」という言葉が伴うことばかり。はっきりと示すことができたのはごくわずかでしかない。これは努力だけではどうにもならない、技術の限界だった。ヤマネコは密林の中でどうやって餌を探し、見つけ、食べ、どのタイミングで次の餌を探すのだろうか。餌に応じて狩りの方法は異なるのだろうか。知りたいことはたくさんある。それらを明らかにする「異次元のツール」として、バイオロギングがもつ可能性を意識するようになった。ヤマネコで調査を行う前に、まずは、イエネコに加速度計を装着する実験を行った。その結果をもとに、餌を食べたり、歩いたりするネコの基本的な行動を分類する技術を開発した。しかし、当時はこの技術をヤマネコに応用する本格的な調査には至らなかった。

チーターに会いにアフリカへ

沖縄を離れ、現在は瀬戸内海を舞台に、カブトガニ、クロダイ、オオミズナギドリなど様々な海洋生物を対象にバイオロギング研究を行っている。福山大学生命工学部の海洋生物科学科で研究・教育している立場では、ヤマネコ研究への思いは胸の奥底に秘めざるを得ない。しかし、本書1章に紹介されている通り、佐藤克文さんの誘いに心が動かされてしまった。

世界を股にかけ、あらゆる野生動物と向き合ってきた佐藤さんでも、「海洋」と名の付く研究機関でチーターを研究するには勇気がいる。それは私も同じで、学科長や学部長、さらに事務方への説明として、「なぜ私がチーターの研究をしなければならないか」といううまい理屈は思いつかなかった。そこで、正攻法でいくことにした。「どうしても、チーターに記録計を付けたい。アフリカへ行かせてください！」とお願いした。その後の教授会では、「（学部長）チーターに噛まれませんか？（私）噛まれないように注意します。（学部長）気をつけてくださいね。」程度のやり取りがあったくらいで、意外なほどあっさりと海外出張は承認された。学科の先生方も実習や講義の担当を調整してくださり、ゴールデンウィークを含む2週間の調査期間をつくることができた。

飛行機を3回乗り継ぎ、アフリカ大陸南部に位置するナミビア共和国に到着したのは、日本を出て30時間後の夜。翌日、さらに4時間ほど未舗装道路を車で揺られ、ナミビア東部のゴバビスにあるハーナス野生動物保護基金が運営する野生動物保護区にたどり着いた（図6－1）。「世界で最も速く走る動物」として知られるチーターの狩りを、バイオロギング手法で明らかにするのが目的だ。現地に滞在できる調査期間は10日間。この間に記録計の装着と回収を行い、チーターの行動を記録しなければならない。

アフリカ大陸と聞くと、果てしなく続く広大な草原地帯（サバンナ）に、ヌーやインパラといった様々な草食獣が暮らし、ライオンやチーターなどの肉食獣が追いかける狩りの光景を思い浮かべる人が多いだろう。私も幼い頃、テレビで紹介されるアフリカの大自然にあこがれた。特に、ネコ科動物を研究してきた私にとって、アフリカに棲むネコ科のチーターはあこがれの動物である。「いつかその動物を調べてみたい」という夢が初めて実現するのだ。

しかし、そんなサバンナはアフリカ大陸のごくわずかな地域に限られ、砂漠地帯か乾燥した灌木林（ブッシュ）が大半を占めている。チーターの分布域を見て欲しい（図6－1）。アフリカ東部のサバンナだけでなく、アフリカ西部のニジェールからアルジェリアにかけてと、南部のナミビアからボツワナにかけての地域にも、チーターは高密度に生息している。今回訪れたナミビアの保護区にも、高さ3ｍ以下の木々が生い茂るブッシュが広がる乾燥地に、チーターをはじめ様々な動物が暮らしている。

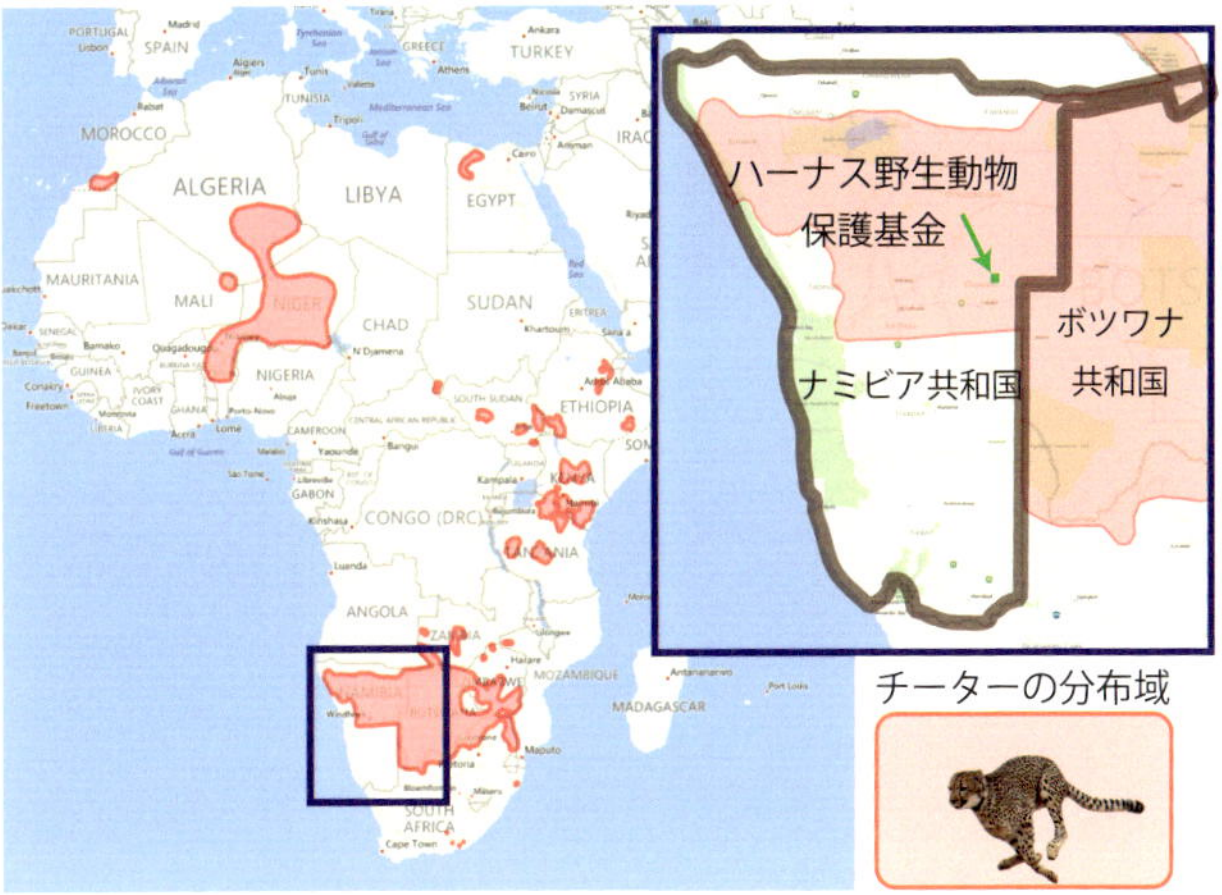

図6-1　チーターの分布域（IUCNレッドリストをもとに編集）と、ナミビア共和国東部に位置するハーナス野生動物保護基金の位置

チーターと対面

いよいよチーターの調査が始まる。約8000haある保護区で暮らしている3頭のチーターには、電波発信器が取り付けられており、その位置情報が保護区の研究員によって定期的に記録されている。四輪駆動車に乗り、窓からアンテナを出して発信器の電波を頼りに、調査対象のチーターを探す。電波の強さから大体の距離を推測できるので、近くにいることを確認して車を降り、ブッシュの中を歩いて探す。

「ピッ・ピッ・ピッ！」と徐々に強くなる電波が自分の鼓動とも重なり、チーターへ接近していくにつれて興奮が高まっていく。明らかに近くにいるはずなのだが、ブッシュに

図 6-2　雌のチーター（プライド）親子

阻まれてまったく姿を見ることができない。現地の研究員に「彼女がプライドだ」と言われるまで、わずか5m先に寝そべるチーターに気づかなかった。

プライドは2頭の子をもつ母親のチーターだ（図6－2）。一般的に雌のチーターは父の力を借りず、ひとりで狩りをして子を育てる。保護区内には、ほかにマックス（図6－3）、モレッツという雄の兄弟チーターがおり、兄弟は2頭で狩りをする。こうした雌雄間での狩りの違いは、図鑑などにも記されている。

今回、私がチーターの狩りを記録するために用意したのが、GPS（全地球測位システム）、加速度計、ビデオカメラの三つを付けた首輪だ（図6－4）。GPSで1秒間隔の位置を測定することで、狩りを行う際のスピードを計測できる。チーターが走ったり、餌を食べたりすると、それに

図6-3　雄のマックス 動画あり

応じて体の振動が加速度計に記録される。それぞれの行動に特徴的な加速度波形が記録されることが分かれば、その波形から行動を推定することができる。以前、イエネコで行った研究では、加速度計を取り付けたネコをビデオカメラを持って追いかけて観察した。目視観察できる動物であれば、観察した結果と加速度計による記録を比較することで、行動を推定するための根拠を示すことができる。しかし、いつ、どこで起こるか分からないチーターの狩りを観察することは難しい。そこで今回は、カメラを同時に付けてチーター目線で映像を記録した。カメラは、80分間しか録画できないが、タイマーを設定することで特定の時間帯を狙って録画できる。もし、狩りの様子が撮影できれば、その時の加速度記録と比較することで行動を推定する根拠を示すことができる。

子育て中のプライドは、毎日のように狩りをす

図 6-4　装置付きの首輪を付けた雌のチーター（プライド）

るらしい。現地の研究員も実際の狩りの場面に立ち会ったことはないが、見つけた時は、餌を食べていたり、そばに動物の死骸が残っていたりすることが多いので、そう推測されている。日中は暑く、寝ていることが多いので、狩りは涼しい午前中に行われるのではないかという。そこで、カメラは午前7時頃に録画が始まるように設定した。さらに記録計の回収と装着は毎日行うことにした。加えて、兄弟チーターのマックスにはGPSと加速度計だけを取り付けた。

野生動物の〝戦闘力〟

ところで読者の皆さんは、どうやってチーターに記録計を付けるのかという疑問をもつかもしれない。たとえば、イリオモテヤマネコの場合は、罠にかかったヤマネコに麻酔をかけて眠らせる。

ヤマネコというとヒョウほどの大きさの動物をイメージする人がいるが、体重約3～4kgでイエネコと変わらない。しかし、かかった罠の中で人間を威嚇する野性味あふれる姿は、実際の大きさ以上の迫力がある。麻酔をかけて眠らせなければ、罠から取り出して首輪を付けることなどできない。

私はヤマネコ以外にも様々な野生動物と接してきた経験から、動物に触れた時の感覚やその動物の重さや体格から、どのくらいの〝戦闘力〟をもっているか分かる（気がする）。イリオモテヤマネコは私の体重の20分の1くらいの大きさだが、素手で戦ったら勝てる気はしない。以前、怪我をしたイリオモテヤマネコを保護したことがある。ひどく衰弱した個体だったので、不用意にも口元に手を出してしまった。その瞬間に牙が私の手を貫いた。その後、1週間ほど腫れがひかず、いまでもその傷跡が残っている。それ以降、どんな野生動物を扱う場合にも、細心の注意を払うように心がけている。特に野生動物に記録計を装着したり、回収したりする時が一番緊張する瞬間である。

今回のチーターは体重が約40～60kgあり、大型犬ほどの大きさだ。体重が同じくらいの他の動物と比べると足が長く、大きく迫力があった。このチーターに記録計を付けるのだが、今回に限っては簡単に行うことができた。保護区のチーターは、人に保護された経験があり、我々を恐れることがない。恐れるどころか、近づくと向こうから寄ってくる。しかし、発信器の付いた首輪を外そうとチーターの首に触れた瞬間、理屈ではない圧倒的な力の差を感じた。恐る恐る首輪を

図 6–5　雄のチーター（マックス）に装置付きの首輪を付ける著者

外して、それに記録計を付けて再び装着した（図6－5）。「こいつが本気を出したら、私などひとたまりもないのだろうな」と毎回思いつつ、噛まれることも引っ掻かれることもなく、無事に回収と再装着を繰り返すことができた。

失敗を乗り越えて

基本的にバイオロギング調査では、記録計を動物に「付けて」「回収する」。これを繰り返すだけだ。あとは記録計が自動的に動物の行動を記録してくれる。しかし、これがなかなか簡単ではないのは、ほかの章でも紹介されている通りだ。海の中の調査の難しさは想像しやすいだろう。しかし、陸の上も、動物を再度捕まえて記録計を回収するのは難しい。今回は、バイオロギングに協力的なチーターたちのおかげで、装着と回収は比較的順調だった。しかし、初めての対象種、調査地では、予想外のトラブルがつきものである。入念な準備にもかかわらず、様々なトラブルに直面した。

まず、装置を付けた個体を保護区の中で再び探すことが、簡単ではなかった。保護区といっても、サッカーコート1万個以上の広さがある。特に母親であるプライドは、警戒心が強いため、茂みに潜み、1日中探しても場所を特定できずに装置を回収できない日もあった。しかし、4日目あたりから調査個体の大まかな生活サイクルと利用場所が予測できるようになった。そうなると、ある時間、ある場所に行けば、彼らに再会することができる。「装着」「回収」というバイオロギングの難関はクリアできた。

次の難関は、記録計が予想通り動かないことだ。開発された記録計は、最新の科学機器である。試作品をいきなりフィールドへ持って出る場合も多い。今回使用したビデオカメラは、海鳥の研究のために開発された装置（本書99ページ、図4－11の2011年モデル）だった。最初に回収したカメラをPCにつないで映像を確認したところ、データが記録されていない。タイマーの設定条件がよくなかったらしく、途中で電源が落ちて映像が消えたらしい。設定条件を変えることで不具合は解消された。

調査に慣れてきた頃、さらに大きなトラブルが生じた。カメラが壊れてしまったのだ。カメラはビニルテープで首輪に巻きつけて固定していたが、茂みにたびたび引っかかるらしく、装着時とは向きがずれてしまうことがあった。カメラが脱落しては困るので、その後はビニルテープよりも強力で伸びの少ないテサテープという防水テープを使ってしっかりと首輪に付けた。よいデータが得られるようになったが、これが原因で最後にトラブルを引き起こした。

最後のカメラを装着する予定だった9日目、これまで通りプライドを探して首輪を回収する。ところが、いつもと首輪の様子が違う。カメラは顎の下に前方へ向くように固定していたが、あるはずの場所にカメラが見当たらない。首輪をつかんでよく見ると、テサテープで固定したカメラの根元だけを残して、その中の基盤やメモリなどは消え失せていた（図6−6）。おそらく狩りで疾走した際に茂みに引っかかり、カメラがへし折れたのだろう。日暮れまで探したものの、深いブッシュに阻まれ、カメラの残骸を発見することはできなかった。

もともとは海鳥研究用に開発されたカメラだけに、強度より軽さが優先され、水中で抵抗を受けにくいよう細長い形状に設計されている。ブッシュの中で様々なものに引っかかり、衝撃が加わることは想定されていない。このように初めてのフィールドでは、様々な難関を克服しながら、貴重なデータが得られるものなのだ。

カメラが捉えたブッシュでの狩り

10日間の調査で装置の不具合や紛失などのトラブルに遭遇したが、カメラを5回装着して計400分の映像が得られた。狩りの様子は、2回、そのうち成功した狩りは1回だけ記録されて

図6-6　チーターが潜むブッシュ（上）と、その中を疾走して壊れてしまったビデオカメラ（下）

いた。成功した狩りの映像は、7日目に得られた。

調査7日目の朝、日課にしていた早朝の散歩で、初めてキリンに会う（図6－7）。ブッシュから突き出た長い首は、ほかの動物と見間違うことはない。その長い首の先へ目をやると、長いまつ毛をした大きな目と合った。キリンは驚くほどゆっくりと踵を返して、ブッシュの中を遠ざかっていった。幸先のよい日だ。

この日もこれまでのサイクル通り、マックスを探して記録計を回収、装着する。発見した際、兄弟はクドゥという大型のウシの仲間を食べていた（図6－8）。得られたデータから過去2日以上、狩りが成功した様子はなかった。クドゥは2頭の腹をパンパンに膨らすのに十分なご馳走だ。

続いて、プライドを探して記録計を回収した。この日はプライドも食事中で、ダイカーという小型のウシの仲間を食べていた（図6－8）。マックスとプライドから回収した記録計には、その狩りの様子が記録されているはずである。特にプライドに付けたカメラには、狩りの映像が記録されているかもしれない。研究室に戻り、すぐにデータをダウンロードして、映像を確認する。そこには、おそらく誰も見たことがない視点の映像、ブッシュでのチーターの狩りの様子が記録されていた（図6－9）。

【5時09分】 プライド起床、3分ほどその場で伸びなどをしてから餌探しへ向かう。

【5時19分】 最初の狩り（最高時速9・5㎞、疾走時間11秒、失敗）。まだ本気ではない。

図 6-7　保護区にいる動物たち
左上：キリン、右上：エランド、下：オグロヌー。動画あり

【5時35分】　2回目の狩り（最高時速46㎞、疾走時間8秒、失敗）。1回目に比べると速度も速く、かなり本気な走りだったが、またしても失敗。

その後も移動しながらさらに2回の狩りを試みたが失敗した。

【6時45分】　カメラが起動する。移動中の様子が記録されている。

【7時46分】　本日5回目の狩り（最高時速25㎞、疾走時間8秒、成功！）。この時の

図 6-8　獲物を食べるチーター 動画あり
クドゥを食べるマックス兄弟（上）とダイカーを食べるプライド（下）。

図6-9　チーターに付けたカメラが撮影した狩りの様子
a：餌を探して歩く。b：獲物を発見して襲撃。c：獲物を捕らえる。d：仕留めた後に休憩。動画あり

一部始終が録画されていた。時速2～5kmでブッシュの中を歩き、ブッシュが開けた瞬間に突然走り出す。8秒後に獲物の影が見えたその瞬間、画面は真っ暗になった。カメラがプライドと獲物の間に挟まり、獲物の体毛が映っているようだ。その間、カメラには悲鳴のような激しい獲物の鳴き声が記録されていた。獲物はすぐには息絶えず、悲鳴を上げ続けながらプライドを何度も蹴って必死に抵抗する。時折、カメラの近くを激しく蹴るが、プライドは獲物の喉元に噛みつき決して離さない。獲物の鳴き声は次第に弱まり、ついにプライドは獲物の喉から牙を抜いた。ようやく獲物は息絶えた。

　狩りの時間は5分間ほど。映像を見ている方も、息が止まるように苦しく長く感じる時間だった。その後、プライドは荒い呼吸を次第に整えて、その場でゆっくりと休む様子が撮影されていた。加速度計には、まず30分間ほど休み、その後に2時間以上かけてゆっくりと獲物を食べる様子が記録されていた。

バイオロギングデータから〝狩り〟を探す

10日間の調査で、カメラで撮影できたのは2回の狩りの様子だけだが、GPS・加速度計のデータは2個体から延べ16日間分得ることができた。調査地を去る時、現地の研究員にGPS・加速度計を渡してさらに記録を取るようにお願いした。その後のデータを含めると、延べ33日間分のバイオロギングデータを得ることができた。次の作業は、このデータから、チーターの狩りに関する情報を取り出すことだ。

カメラの映像は、「歩く」「休む」などの行動を誰もが観て理解できる。しかし、GPSと加速度計の記録は、その瞬間の緯度・経度・首輪にかかった物理的な力の大きさを表しているにすぎない。そのため、データを眺めただけでチーターの行動を理解できるものではない。GPSは1秒間隔、加速度計は3方向にかかる成分をそれぞれ1秒間に20回も記録した数値で、33日分ともなるととんでもない量のデータになる。どのくらいかというと1日で約500万個、33日間だと約1億7000万個にもなる。ちなみに以前私が行っていたラジオテレメトリー調査では、1時間に1回、位置を測定するのがやっとだった。そのため、10日間の追跡調査で得られるデータ量は1個体あたり最大でもわずか２４０個である。実際には、見失うことが多いので、その半分も記録できればよい方である。

データ量が桁違いに大きいバイオロギングデータを用いることで、従来の手法とは質のまったく異なる分析ができる。しかし新しい質のデータであるが故に、その分析手法も開発していく必要がある。ＧＰＳで測位できる情報は、ラジオテレメトリーで得られる位置情報がさらに時間的にも空間的にも精度よく記録されたもので、分析はそれほど難しくない。しかし、加速度計の記録は一見しただけでは、どんな意味があるのかまったく分からない。この膨大な数値の羅列から、チーターの狩りに関する情報を引き出す作業を行うわけだが、これにはフィールド調査より多くの時間がかかる。

まずは、カメラで撮影した映像とその時のＧＰＳと加速度計の記録を比較して、ＧＰＳ・加速度計の記録に特徴的な行動タイプがないか分析した。その結果、歩く・走る・休む・食べるなど、狩りに関連した行動タイプには加速度計の記録に特徴的なパターンがみられることが分かった（図６－10）。カメラのデータと比較した結果を根拠として、33日間のＧＰＳ・加速度計の記録から狩りに関連した行動を探し出した。その結果、2個体から合計70回の狩りのデータが得られた。

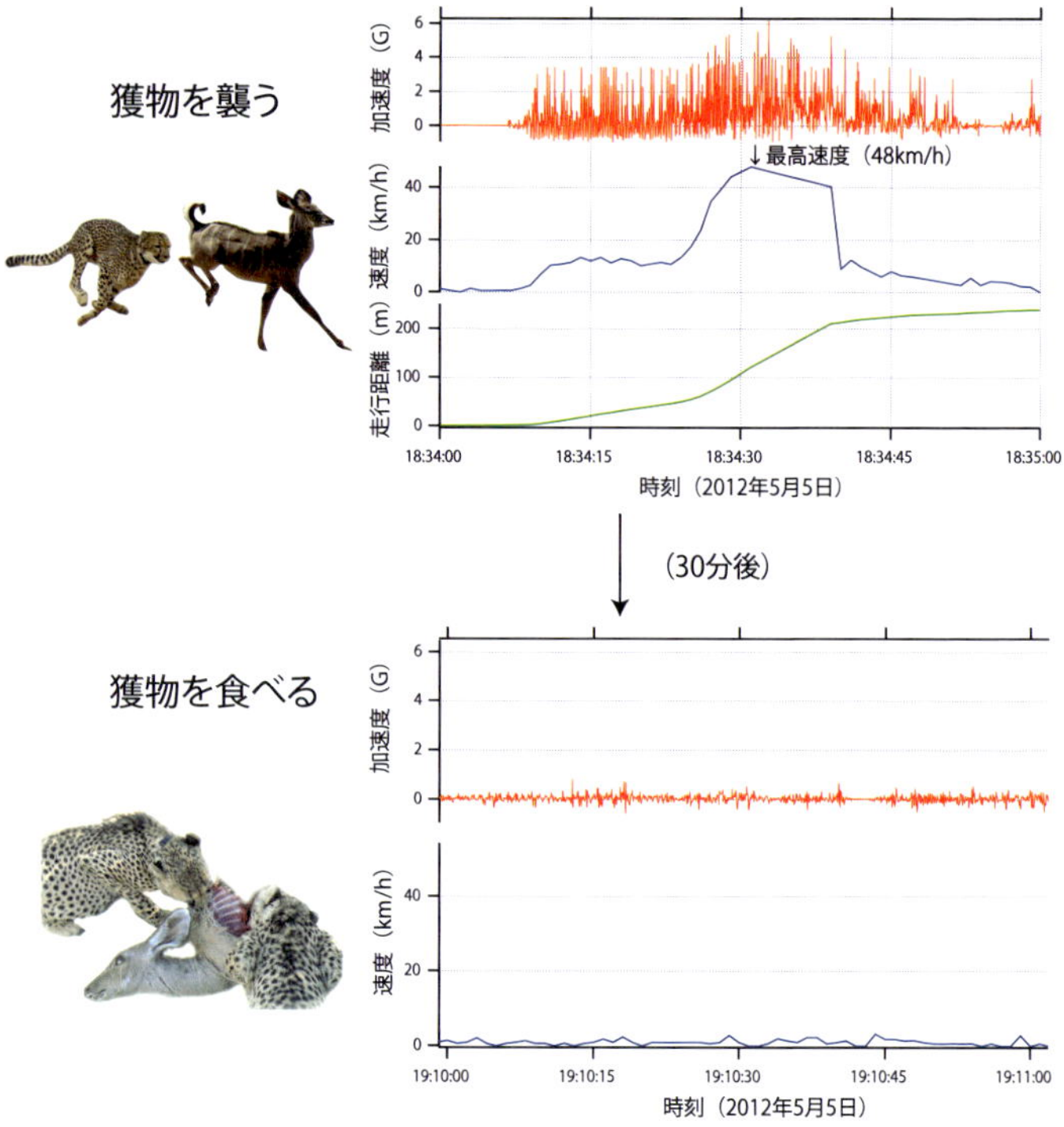

図 6–10　バイオロギングデータの例：マックスが獲物（クドゥ）を襲った時（上）とその後に獲物を食べた時に記録されたデータ（下）

ブッシュでの最高速度は⁉

テレビで紹介されるチーターの狩りといえば、いきなり走り出して、獲物を襲って殺し、すぐに食べ始めるという場面が多いだろう。我々の眼には、瞬間的な出来事として映りやすい。同様に、目視による観察の結果に基づいたチーターの研究は、その瞬間の「速度」に焦点を当てたものが多かった。そのため、チーターの狩りのイメージは、「速さ」が特に強調されてきたのではないかと思う。

まずは、今回の調査から1回の狩りで走った時の最高速度をGPSのデータから計測すると、意外な結果が出た。70回の狩りの平均が時速31㎞、最高でも時速61㎞だったのだ。「時速100㎞」とされる従来のチーターの狩りのイメージからすれば、がっかりするほど遅かった。しかし、現地を観察してきた私にはその理由は想像できた。

調査中に、プライドがどんな場所を歩いて餌を探し、狩りを行うのか、GPSの記録を頼りに同じ場所を歩いてみたことがあった（図6－6）。乾燥に適応し、草食獣に食べられにくく進化した草木は、硬い棘《とげ》で覆われている。GPSには、時速30～50㎞で疾走する様子が記録されていたが、私には走るどころか這っても進めないような棘だらけのブッシュが続いていた。プライドが歩いた軌跡を100mほど歩いただけで、上着は破れ、トレッキングシューズの硬い靴底を鋭い棘が貫いた。チーターは、こんな中で獲物を探して歩き、獲物を超える速度で疾走し、獲物を捕らえていた。カメラによる証拠映像がなければ、そんな様子は想像もしなかっただろう。

長い進化の過程で、チーターは獲物を襲って食べるために、どの動物よりも「速く走る」行動を進化させた。同時に食われる側の動物も、食われないために「速く走る」行動を進化させてきた。サバンナの場合、食われる側にも時速80㎞を超える速度で走る草食獣がいる。それを襲うチーターはさらに速く走る必要がある。生存競争の結果として時速100㎞で走れるようになったのである。しかし、ブッシュの中では木々が障害となり、どんな動物でも走るのが難しい。それは食われる側の草食獣も同じだ。必死で逃げる動物が時速30㎞でしか走れなければ、チーターは時速40㎞で走れば獲物を捕らえることができる。

今回のブッシュで狩りをするチーターの速度の記録だけみると、読者の皆さんは「走りの遅さ」にがっかりするかもしれない。しかし、広々としたサバンナを疾走する動物が、ブッシュの中でも疾走できるという新たな事実は、私には驚きの発見だった。動物の行動とは、これほど柔軟に地域環境に適応することができるのかと感心した。そしてアフリカのブッシュでも最速の動物は、やはり「狩りをするチーター」なのだ。

狩りの様子を再現する

我々の眼には瞬く間に終わってしまう狩りだが、それを成功させるためには、まず獲物を探す行動があり、襲った後には仕留めてから食べる行動がある。チーターに限らず捕食者が行う狩りには、この一連の工程が含まれる。これまでのチーターの研究では、獲物を襲う瞬間だけに焦点が当てられていたが、それぞれの行動にかかる時間を詳しく計測することで、「速さ」だけではない、チーターの狩りの詳細が見えてくる。

この分析法は5章の青木さんのマッコウクジラの研究に着想を得ている。青木さんが大学院生だった頃、マッコウクジラが潜っておそらく餌を捕って、再び浮上するまでの潜水経路のデータ（図5－4のような）を見せてくれたことがあった。5章に紹介されている通り、マッコウクジラは、エコロケーションでダイオウイカなどの深海性のイカを発見する。500mくらい先まで深海の暗闇を音で「見る」ことができるそうだ。餌を発見したマッコウクジラは、速度を増してじわじわと餌に接近する。イカは、マッコウクジラが100mほどに接近すると、大きな眼でそれに気づいて全力で逃げる。マッコウクジラはさらに速度を増してそれを追い、イカの行く手を阻んで回り込むようにそれを捕らえる。イカは長い触腕で抵抗するが、やがてマッコウクジラに食べられる。マッコウクジラが去った後には、イカが吐いた多量の墨が漂っている。そんなマッコウクジラの採餌の様子が頭に浮かんだ。水中では、実にゆっくりと時が流れる。マッコウクジラの遊泳速度から計算するとイカを発見してから襲うまで、2~3分ほどかかる。陸棲動物の採餌生態を研究してきた私には、深海の大型動物の狩りが、スローモーションのようにゆっくりと、そしてスケールの大きいことに強烈な印象を受けた。そして、なぜだか、その様子がチーターの狩りと重なって見えた。

チーターは陸上最速の動物として知られる。ならば、世界で最も速い狩りを行うはずだ。我々の眼には一瞬で終わってしまう狩りだが、その中にもマッコウクジラと深海イカの死闘と同じように、上記のような一連の工程があるはずだ。それをスローモーションで見るようにバイオロギングで測定してみたいと思った。

獲物を襲った後は

チーターが獲物を襲った後、獲物を食べる行動が加速度計に記録された場合、その狩りは成功したといえる。観察による記録から、チーターの狩りの成功率は5~8割程度と他の大型のネコ科と比べて高いことが世界のネコ科図鑑には書かれている。しかし、今回調査した結果、70回の狩りのうち成功したのはわずか7回だけで、成功率は1割しかなかった。さらに獲物を仕留めた後、すぐにがつがつと餌を食べることはなく、6~30分休んでからゆっくりと餌を食べ始めた。

また、食べた後も獲物のそばで休んで、再び食べ残しを食べるような行動も確認された。

図鑑などには、チーターは新鮮な獲物を好み、殺した獲物をすぐ食べ始めるとある。ライオンやハイエナのような大型の捕食者に獲物を奪われる前に食べるためだとも解釈されている。これらは、チーターに関する常識とされているが、そもそもアフリカ東部のサバンナで調べた結果である。アフリカ南部のブッシュでは保護区に限らず、ライオンのような大型の捕食者は少なく、チーターがその生態系の頂点に位置することが多い。競争者がいない環境では、獲物の横取りを恐れて、急いで獲物を食べる必要がないのかもしれない。

野生動物の実像に迫る

「ブッシュに潜むチーター」の狩りは、走る速度も食べ方も、「サバンナを走るチーター」とはずいぶんと違っていた。こうした違いは、植生や餌動物、競争者の密度といった生息環境の違いにチーターが適応した結果なのだろう。チーターの実像は、このように地域によって異なる様々な生態的特徴によって形づくられていると考えるべきである。また、観察技術の限界から、はっきりとその特徴を示すことができたのはチーターの全体像のごく一部分でしかなかったのかもしれない。これは私が長年取り組んできたイリオモテヤマネコをはじめ、多くの野生動物で同じではないかと思う。

長年、チーターと接してきたハーナス野生動物保護基金の研究員も、ここでみられるチーターの生態が一般的に知られているサバンナのチーターと異なることは予想していた。現地を知れば、チーターといえど時速100㎞でブッシュの中を走れるはずがないことは想像できる。しかし、その証拠を示すことができなかった。今回、バイオロギング手法によって、見えないブッシュの中でもチーターの走る速度や時間を測定した。また、速度だけでなく、チーターの狩りの工程を区別し、時間や動きを詳しく計測した。従来の観察手法では、「走るのが速い」といった漠然としたイメージで表現されがちだったチーターの狩りを、より具体的に解き明かすことができた。狩りの成功率や狩りの様子を詳しく記録することは、保護区のチーターの生息状況を知り、保護個体を適切に管理するためにも重要である。保護区の研究員が長年調査しても明らかにできなかった情報が短期間の調査で得られたのだ。しかし、今回の結果は、膨大なバイオロギングデータから「狩り」に関連した行動を抽出したにすぎないとも言える。データの中には、チーターの生態を知る上で重要な情報がまだ多く眠っているはずだ。一見、どんな意味をもつか分からない数値の山から、野生動物の実像に迫る新たな情報を探し出す。これがバイオロギングの醍醐味でもある。

バイオロギングは、観察が難しい海洋生物の研究で発明され、発展してきた。そのため、現在もバイオロギングは海洋生物研究でよく用いられている。しかし、観察が難しいのは陸の動物も同じ。陸の動物たちが、我々とはまったく違う目線で同じ世界を見ていることを知るのも面白い。

バイオロギングは、亜熱帯の密林でも、アフリカのブッシュでも、野生動物の実像に迫るツールなのだ。地道な調査を続けてきた研究者たちの問いに答えるツールとして、今後もバイオロギング手法が生かされることに期待したい。

column

野生の大国アフリカ

（渡辺伸一）

滞在中は、日の出とともに目覚めて、宿泊しているロッジ周辺を1時間ほど散歩するのが日課だった。乾燥したアフリカでは、朝と夜の気温の変化が激しい。調査した5月は南半球の秋にあたる。夜、外を歩く時はフリースがいるほどの寒さだが、日中は太陽が大地をじりじりと焼く。私にとって過ごしやすい時間帯である早朝は、多くの動物たちにも同じようで、散歩していると様々な動物の姿を見ることができた。毎日、オグロヌーやエランドなど、幼い頃にテレビで見たあこがれの動物たちとの遭遇が楽しかった（図6−7）。

人が住む地域にはチーターやライオンなどの大型の捕食者はいない。多くの動物たちは、離れて観察していれば逃げることはなく、近づくと向こうから逃げていくので危険はない。滞在中に一度だけ、ダチョウに襲われたことがあり、これが一番怖い経験だった。ロッジを出て研究室がある建物までの野原を歩くと、ダチョウに遭うことがある（図6−11）。普段は問題ないが、発情した雄はやっかいだ。本気なのか儀式的なものか分からないが、見境なく戦いを挑んでくる。現地の研究員から「ダチョウが向かってきたら手を高く上げ、ダチョウの首のように見せて、自分より大きく

図 6-11　立派な羽をもった雄のダチョウ

強いと思わせれば逃げていく」と教えられた。ある朝、大きな雄と出くわした。性成熟した雄は、帽子の装飾に使われるほどきれいな羽をもっている。20mほど離れてその美しい姿を写真に収めていると、こちらへ突進してくる姿がカメラ越しに見えた。言われたことを思い出して、シャッターを切ってからその手を目いっぱい高く上げて自分の大きさを誇示する。しかし、一瞬で目の前まで詰め寄ってきた雄のダチョウは、私をはるか上から見下している。確実に私よりでかくて強い！

「これはやばい」と思った私は振り返って全力で走った。後ろから迫り来る足音からは明らかに歩幅が大きいのが分かる。幸いすぐ近くにブッシュがあったので、そこにスライディングして逃げ込んだ。体の大きいダチョウはそこまでは入れず、自分の優位が示せたことに満足したのか去って行った。スライディングのせいで、お尻にあざができてしばらく痛かったのだが、それくらいで済んで本当によかった。

参考文献

Shinichi Watanabe, Nozomi Nakanishi and Masako Izawa. Habitat and prey resource overlap between the Iriomote cat *Prionailurus iriomotensis* and introduced feral cat *Felis catus* based on assessment of scat content and distribution. ***Mammal Study*** 28：47–56 (2003).

Shinichi Watanabe and Masako Izawa. Species composition and size structure of frogs preyed by the Iriomote cat *Prionailurus bengalensis iriomotensis*. ***Mammal Study*** 30：151–155 (2005).

Shinichi Watanabe. Factors affecting the distribution of the leopard cat *Prionailurus bengalensis* on East Asian islands. ***Mammal Study*** 34：201–207 (2009).

Shinichi Watanabe. Ecological flexibility of the top predator in an island ecosystem：food habit of the Iriomote cat (in ***Diversity of Ecosystems***, Mahamane Ali ed.) In Tech d.o.o. pp. 465–484 (2012).

Shinichi Watanabe. Ecological flexibility of the top predator in an island ecosystem：the Iriomote cat changes feeding patterns in relation to prey availability (in ***Biodiversity in Ecosystems – Linking Structure and Function***, Yueh-Hsin Lo, Juan A. Blanco and Shovonlal Roy eds.) In Tech d.o.o. pp. 353–381 (2015).

Shinichi Watanabe, Masako Izawa, Akiko Kato, Yan Ropert-Coudert and Yasuhiko Naito. A new technique for monitoring the detailed behaviour of terrestrial animals：a case study with domestic cat. ***Applied Animal***

Behaviour Science 94 : 117–131 (2005).

IUCN (International Union for Conservation of Nature). *Acinonyx jubatus*. ***The IUCN Red List of Threatened Species***. (2015)

Melvin E. Sunquist and Fiona Sunquist. ***Wild Cats of the World***. University of Chicago Press. 452 pp. (2002)

7章

バイオロギングの未来

（佐藤克文）

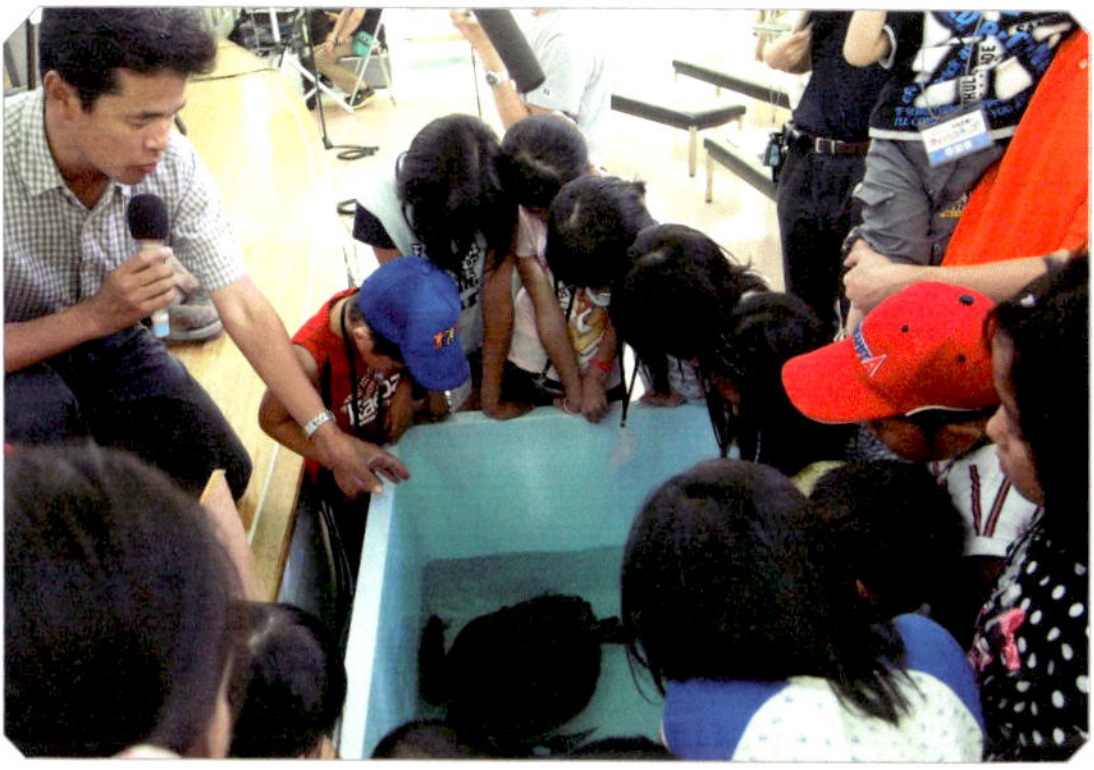

後ろめたいこと

小学校の卒業文集に、「将来の夢は島を買って野生動物を守ること」と記した。当時の私は、ムツゴロウこと畑正憲さんの本にはまり始めていた。脱サラして都会を離れ、北海道の無人島に家族で移り住み、ヒグマを飼育したり、動物にまみれてやりたい放題しているように見えるムツゴロウさんにあこがれ、自分も似たようなことをしたいと思ったのだろう。

長じてからは、〝島に行って野生動物を調べる〟ことが仕事となった（図7−1）。南極や亜南極にある島々、日本人のほとんどが名前も聞いたことすらないそれらの島々には、ペンギンやアザラシなど図鑑で見た動物がうじゃうじゃといる。動物大好き人間にとって夢のような場所に行き、動物を捕まえては記録計を取り付けて放す。ドキドキしながら待っているとウブな動物たちはまた同じ場所に戻ってきてくれる。子どもの頃に鍛えた魚捕りや虫捕りの要領で忍び寄り、背中に機械が付いている動物を再び捕まえる。そして、装置を動物の体から取り外し、データをダウンロードする。新たに開発された装置で取ったデータは、何でもかんでも世界初、見るものすべてが新しいといってもよいくらいの宝の山だ。時には、その動物の専門家たちの間で常識とみなされていた知見をひっくり返すような発見にも出くわし、それを原著論文として発表する機会にも恵まれてきた。個人的には大満足な日々を過ごしている。

図 7–1　インド洋亜南極圏のクロゼ諸島にあるキングペンギンコロニーにて

２００4年から岩手県大槌町にある職場に籍を移し、三陸沿岸海域で動物研究を始めるようになってから、地元漁業者の多大なる協力を受けるようになった。ウミガメやマンボウを入手するには定置網漁業に携わる皆さんの協力は欠かせない。オオミズナギドリ調査を無人島で行う時は、周囲の海を知り尽くした漁師さんに小船で渡してもらう。２０１１年3月11日の東北地方太平洋沖地震とそれに伴う津波により、三陸の漁業者は甚大な被害を被った。それにもかかわらず、引き続き私たちの動物調査に協力をしてくれる。そんな地元の漁業者の役に立つ研究、彼らが喜んでくれるような研究ができないものだろうか。そんなことを強く思うようになった。

漁業者の役に立ちたい

どんな研究成果をあげれば、普段お世話になっている漁師さんたちは喜んでくれるだろうか。たとえば、私たちはオオミズナギドリにＧＰＳを付けて、どの海域に餌捕りに行っているのかを調べている。鳥同士が情報交換しているとは思えないのだが（実はその可能性もあり得るが、とりあえず保留しておく）、不思議なことに鳥たちは示し合わせたかのように同じ場所に行き餌を捕っている。カメラを使って調べて明らかになった通り、鳥が集まる海面の下にはカタクチイワシなどの小魚がいて、さらにその群れの下にはブリやサバなど大型の魚がいる。実は漁師はそんなことは昔から知っていて、鳥山と称する海鳥の群れを探してそこに船で近づき魚を獲っていた。

もし、ＧＰＳで分かったオオミズナギドリの餌場を漁師たちに自動配信するようなシステムをつくれば、漁師は目で鳥山を探すよりもはるかに広い数百㎞の範囲で効率よく漁場を探せるようになる。ところが、この計画をある漁師に打診してみたところ、「それは困るなあ」と即座に却下された。

漁師の腕とは、勘を働かせつつ多様な情報を取捨選択してよい漁場を探す能力のこと。よい漁場が誰にでも簡単に分かってしまうと、少なくとも腕のよい漁師は困る。なぜなら、皆が大漁だと水産物の特性として魚市場で競りにかけた時の値段が下がってしまい、もうけが少なくなってしまうからだ。その漁師はニヤリとしながら「誰も知らないよい漁場を、〝俺だけに〟教えてくれるなら嬉しいけどな」と言った。

これはなかなか悩ましい問題だ。もちろん、その漁師にだけ漁場を教えるわけにはいかないし、たとえば、大槌町の漁師にだけ教えたら、隣町の漁師から恨まれるだろう。岩手県の漁師へと範囲を広げたところで、宮城県や青森県の漁業者に申しわけないという状況に変わりはない。ほかの手を考えることにしよう。

ウミガメの調査で定置網漁船に乗っていた時のことだ。その年はクラゲが大発生し、漁師たちはその対応に追われていた。大量のクラゲが網にあふれかえり、次々とクラゲを船上に上げては切り刻んで網の外に流すという作業に忙殺されていた。「カメはいませんね」などとのんきなことをいう我々に対し、「カメなんかどうでもよいから、このクラゲを研究してなんとかしてくれ」と言われてしまった。

近年、エチゼンクラゲが大量発生して定置網に入るという漁業被害が報告されるようになった。エチゼンクラゲの毒によって、魚などの漁獲物がダメージを受け商品価値が下がってしまう。黄海や渤海が繁殖地と考えられており、大発生したエチゼンクラゲが対馬海流に乗って日本海を北上し、津軽海峡から太平洋に抜ける。その一部が沿岸沿いの津軽暖流に乗って南下して、三陸の定置網に被害を及ぼすということが時々起こる。エチゼンクラゲの大量発生を引き起こす原因としては、繁殖する海域が富栄養化した、魚類の乱獲により動物性プランクトンが余るようになった、地球温暖化による海水温上昇などいくつかの説が挙げられているが、まだ結論は出ていない。ある年大発生したかと思うと、次の年はまったくやってこなかったり、年による変動が激しい実態は研究対象として興味深いが、理由を解明して大発生を抑える処方箋を考えるまでには、まだまだ時間がかかることだろう。

今度漁師に会ったら「バイオロギングによって、ウミガメやマンボウがクラゲを大量に食べていることが分かったから、ウミガメやマンボウも大事にしてくださいね」と言ってみよう。これはもちろん冗談だが、私たちがなぜ大型の高次捕食動物を調べて保護しなければならないのかという話に関連してくる。

高次捕食者が守る生態系

海の生態系では、光合成により生物生産を行う植物プランクトンや海藻・海草に始まり、それらを食べる動物プランクトンや小魚やウニ、そしてその小動物を食べるやや大きめの魚やクラゲを経て、ウミガメ類や海鳥、サメ類や海棲哺乳類といった大型の高次捕食者へと至る食物連鎖が成り立っている。喰うものと喰われるものの絶妙なバランスによって維持されている健全な海洋生態系には、水の浄化作用、二酸化炭素の吸収および酸素の生産、水産生物の生産やマリンレジャーなど、多様なサービス機能が備わっていて、人間は大きな恩恵を受けている。

一般的に、種類数が多く多様性に富んだ生態系ほどそのサービス機能は高いことが分かっている。ところが、時としてその多様性が消失してしまうことがある。有名な例として、アラスカ沿岸のケルプの森と、それを食べるウニ、そしてウニを食べるラッコの関係が知られている。一定数のラッコが生息してウニを食べている場所ではケルプが繁茂し、そこにはケルプの森を隠れ家とする貝類や魚類が数多く棲み着き、健全な生態系が維持されていた。ところが、１９９０年代からシャチが突然ラッコを食べるようになった。ラッコの生息数が激減したことにより、ラッコの餌であったウニが大増殖し、ケルプを食べ尽くしてしまった。ケルプの森が消失した場所には無節サンゴモが一面に広がり、ウニが高密度に分布するようになった。無節サンゴモという石灰藻は、一見色の付いた石にしか見えないが光合成を行う植物である。しかし、ケルプの森のように繁茂することはなく、貝類や魚類に隠れ家を提供できない。結果的に、その場所全体の生物多様性が低下し生物生産性は下がってしまった。

日本でも、別の理由で同じことが起こっている。２０１１年3月の津波の後、三陸沿岸各地でなかなか海藻類が復活せず、無節サンゴモに覆われた海底に中小サイズのウニが高密度で分布する、いわゆる磯焼けという状態に陥っている。「磯焼けになってもウニが多ければよいではないか」と思うかもしれないが、実際には無節サンゴモに覆われた場所に生息するウニは生殖巣がほとんど発達しないので、漁獲対象にならない。

この状況を打開するために、アラスカ沿岸の事例に倣ってラッコを放すという対策が考えられる。増えすぎたウニをラッコが食べ、そのおかげで再び海藻類が繁茂する海に戻って、全体的な生産性が高まるということになるかもしれない。ところが、なかなか期待通りにことが進まないのが生態系のやっかいなところである。複雑な食物連鎖にはいくつもの脇道が存在しており、たとえば増えすぎたウニを食べてもらうつもりで導入したラッコが、より商品価値の高いアワビばかりを食べて資源が壊滅するなど、当初意図した方向からそれて、人間にとってさらに困る方向に事態が推移するということが多々あるのだ。三陸沿岸に人気動物のラッコが群れ泳ぐようになれば観光客も増え、経済効果は結構高いのではないかなどと個人的には思ってしまうが、やはり漁業者は困るに違いない。海洋生態系に対して能動的に働きかけて人間が望む方向に改変したり、よい状態を人為的に維持していくのはなかなか難しい。

漁師に言われたこと

漁業者の役に立ちたいという思いはなかなか果たせず、漁業者の協力を一方的に受けながらこれまで調査を進めてきた。せめてもの御礼のつもりで日本酒の一升瓶を持っていくこともあった。ところが、ある時懇意にしている漁師さんから「酒も嬉しいけど、研究で分かったことを教えてくれないだろうか」と言われてしまった。これはなかなか痛い指摘であった。研究者として一番大切な仕事として、英語で原著論文を書くことには熱意を注いできた。論文の末尾には、調査に協力してくれる漁師たちへの謝辞は記してきたが、その感謝の気持ちはなかなか伝わらなかった。分かった研究成果をいの一番に伝えなければならない人たちへの情報発信が滞ってしまった。

漁師以外の世間一般の人たちは、私たちの調査研究活動に対してどのように思っているだろう。「研究者はとにかく研究に専念してくれ、そして分かったことをかみ砕いて教えてくれ」と大多数が思ってくれているならば、それは私たちにとっては理想的な状況だ。本の執筆や講演によってそれに応えられる可能性がある。しかし、実際には私たちが発見するような、動物の生態の話を聞いて喜んでくれる人は多めに見積もっても全体の3割くらいだろうか。その他7割を占める世間の大多数の人々に納得してもらうためにも、もう少し分かりやすい形で世間の人々に貢献できないものだろうか。

一条の光明

4章で記した通り、栈橋の無い無人島でオオミズナギドリ調査をする時は、漁師の小船の舳先を岩場に近づけてもらい、そこから飛び移るようにして上陸する。少しでも波が高いと上陸できないので、毎日波予報をにらみつつ頭を悩ませる日々が続く。いまの時代、インターネットで検索すると、波の予報結果を示すサイトがいくつも見つかる。それらの情報をかき集め、調査計画を立てるのだが、予報が外れることも多い。

インターネットの波予測をみて、「明日は島に渡れそうもないなあ」などと思いつつ、いつも島まで船で渡してくれる馴染みの漁師さんに電話をすると、「大丈夫だあ」と言われることがある。半信半疑で翌朝港に行ってみると不思議なことに波はそれほど荒くなく、無事上陸できるということがある。それとは逆に、インターネットの予報を見て「明日は大丈夫ですよね」と言っても、「うーん、どうかなあ」と漁師さんが渋ることがある。実際、次の日海に出てみると確かに波は高い。

インターネットに出ている波予報は7～8割当たっているように思うのだが、上記のように外れることが時々ある。いったい、波予報の精度はどのくらいなのだろうと疑問に思って、専門家に聞いてみた。すると、二つの大問題があることを知らされた。

波の予測をするのには海上の風情報が必要不可欠だ。現場の風測定値があれば精度の高い波推定が可能となるが、海一面に風力計を設置するわけにもいかず風の実測値は少ない。そこで、人工衛星に搭載された海面高度計から風情報を推定することになる。海面高度計はマイクロ波レーダーを衛星から海面に向けて発信し、海面で反射された電波の受信具合から、海面高度や波浪の状態、さらに海面の凸凹を測定する。海面の凸凹は海上風の強さと関係があるため、それから風を推定できる。ところが、近くに陸地や流氷などの固体があると、反射波がその影響を受けてしまい正しい推定ができなくなってしまう。そのため、沿岸域は海面高度計による風の観測対象から外されており、沿岸付近の波予想は非常に難しいのであった。

さらに驚くことに、外洋では波の実測値がほとんど無いために、予測の検証が十分なされていないとのことであった。陸上の天気予報ならば、テレビや新聞で見た予報が実際に当たったのかどうか誰でも確認できる。予報をする側も、予報が当たったか外れたかを自ら検証できるので、予報の精度は向上する。しかし、海上で実際に波を測定したデータが無ければ、波予報が当たったのかどうかを検証するのは難しい。

波を測定するためには船を出して測る方法があるが、これでは広い海を同時に網羅できない。船の代わりに波浪観測ブイを使った測定方法がある。これは海にブイを浮かべ、波に揺られる上下左右の動きを測定するというものだ。ブイの動きは、昔は加速度計で測定したが、いまは測定精度が向上したGPSを使うことが多い。波浪ブイを海に浮かべればその現場で波を測定できる。ところが、そのブイを同じ地点に留めるのはとても難しい。沿岸付近ではチェーンで海底に係留できるが、平均深度3000mの外洋にブイを係留するのはほぼ不可能だ。やってできないこともないが装置が大がかりになり、波浪ブイの値段が1億円近くもするため、おいそれと測点を増やせない。2011年の東北地方太平洋沖地震の後、東北沿岸で係留式の波浪ブイの数は増えたとのことだが、それでも日本周辺海域で数個しか設置されていないのが現状だ。

やや簡略化した漂流型の波浪ブイを海上に浮かべるやり方もある。当然ブイは海流とともに流れていってしまうが、流されていった先々で測定する波を人工衛星経由で送ってくる（http://www.jma.go.jp/jp/wave/）。係留型および漂流型の波浪ブイで測定される波情報は、人工衛星による風情報をもとに推定された波浪予測の検証に使われている。しかし、精度を上げるためにはもっと多くの現場実測値が必要だ。

「広い海域を面的に押さえるような波の実測データがあったら、波予測の検証ができて嬉しいけど、そんなデータは実際に取れるわけもないんですよねえ」と専門家が言う。その言葉に私は衝撃を受けた。なぜなら、既に私たちはそのデータを取っているかもしれないからだ。

オオミズナギドリが測定済み⁉

私たちはこれまで、観察が難しい動物の行動を測定する目的で、様々な小型記録計を開発し、それを使って野外における動物の行動を調べてきた。最初に開発された深度計によって、息をこらえて海に潜るアザラシやペンギンが、予想以上に深く長く潜っていることが分かってきた。その後、プロペラ付きの遊泳速度計や加速度計、水面に浮かんだ時に水平位置を記録するGPSなどが開発され、より詳細な動物の行動が記録できるようになった。

4章に記したように、オオミズナギドリがどれだけ頑張って翼を動かしているのかを測定するために、小型の加速度計を使った運動測定を行った。海面から飛び立つ時に鳥が一生懸命に羽ばたく様子が加速度の時系列波形に現れている。いままでは、鳥が活発に運動しているところばかりに着目してきたが、飛び立つ直前の鳥は水面で休息している。もし、その現場にうねりや波があれば鳥は海面とともに上下動しているわけで、当然のことながらその動きは背中に付けた加速度計に記録されているはずだ。昔のブイ式波浪計には加速度計が内蔵されており、ブイの上下動を加速度波形として記録することで波浪を測定していた。現在、様々な技術革新の結果、飛ぶ鳥の背中にも取り付けられる10gの加速度計が存在する。これを鳥に付けるということは、いわば波浪計を鳥に付けているようなものなのだ。

最近のブイ式波浪計はGPSを搭載している。GPSで上下左右方向の運動を測定することで、現場の海面の上下動、すなわち波浪を測定している。現在、我々もオオミズナギドリの背中にGPS記録計を付けて、鳥の移動経路を測定するという調査を当たり前のようにやっている。もともとの目的は、鳥がどの経路を通ってどこまで餌を捕りに行くのかを把握することであった。それだけを目的とするならば、たとえば1分に1点のデータを取ればよい。しかし、鳥に付けるGPSの性能は年々向上しているので、1秒に1点、ないしもっと高頻度で位置測定ができるようになった。細かい間隔で位置情報を取れば、鳥の運動すべてを記録できるので、鳥が海面に着水している時の運動から現場の波情報を得ることができる。

実は、この話には既に先行研究例がある。共同研究者である名古屋大学の依田憲さんがとてもユニークなデータ活用法を考案してくれた。三陸の無人島で繁殖するオオミズナギドリは、周辺海域で餌を捕るが、時々北海道東岸海域まで遠出する。この時の移動の様子をGPSで調べてみると、ずっと飛び続けているわけではなく、5割くらいの時間は海面に舞い降りて休息しているということが分かってきた。海面に舞い降りている数分から数十分間、長い時には1時間以上も鳥は現場の海流に乗ってゆっくり流されている。したがって、このゆっくりと漂流している時の速さや向きは、現場の海流の速さと向きを反映していることになる。

数十羽のオオミズナギドリが三陸から北海道にかけての広い海域を飛び回り、時々海面に舞い降りて測定した2週間分の海流情報を集計したところ、渦の位置やサイズ、海流の曲がり具合といった海面流況が把握できることが判明した。鳥が海面に浮かんでいる時に海面上の風で押し流される影響や、鳥自身が足を使って漕いで進んでいたりしないかといった不安要素もあったが、結果的に推定された海流は、同じ時期に現場で船を使って観測した結果と矛盾しないということが判明した（図7－2）。

この先駆的な研究に倣って、GPSと加速度計を組み合わせた最新型の装置をオオミズナギドリに付けて、現場の海流だけでなく水温や波浪や海上風も測定することを計画している（図7－3）。当然のことながら、最初に行うべきは鳥を使った観測による測定値がどの程度正確なのかを検証することだ。そのためには、鳥が飛んでいく海域に船を出して現場観測を行う必要がある（図7－4）。鳥を使って得られる海況データの信頼性が確認できれば、人工衛星が苦手とする沿岸付近や係留型波浪ブイでは測定できない外洋の波情報が得られるようになる。さらに漂流型波浪ブイは海流によって流れ去ってしまうのに対し、海鳥は生物生産性の高い海域に留まり続けようとする。生物生産性の高い場所とは、すなわち漁師が漁を行う場所でもあり、そこを鳥が集中

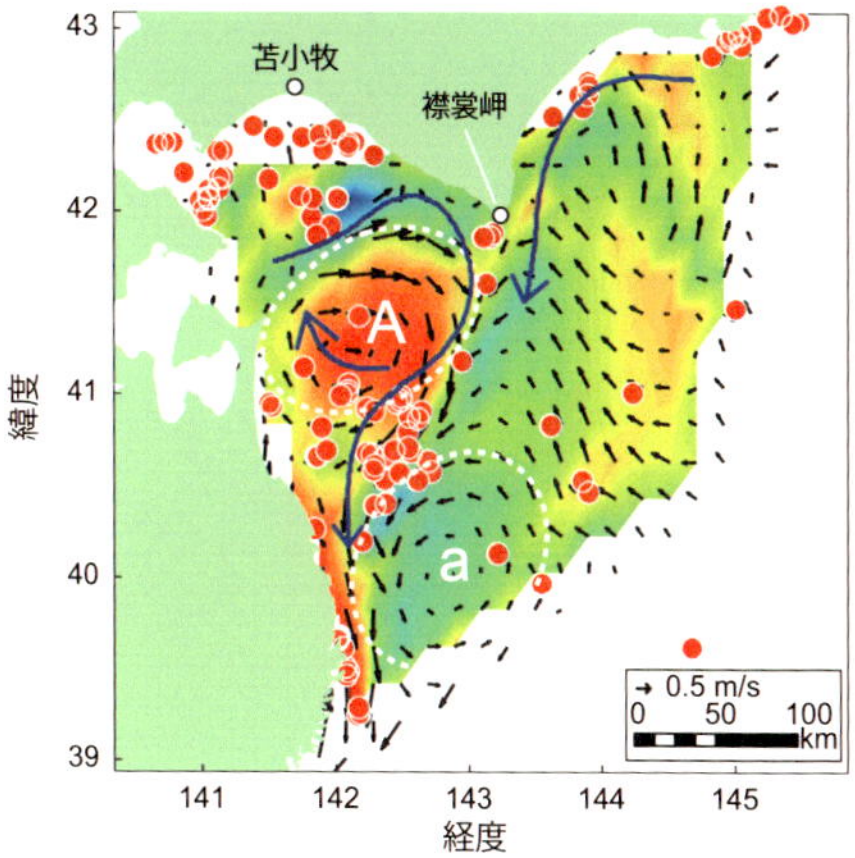

図7-2　オオミズナギドリに付けたGPSが測定した海表面流況図（2010年9月の様子）
観測船による測定結果（青矢印）と矛盾しない結果が得られている。赤点はオオミズナギドリが採餌を行っていたと考えられる地点。Yoda et al. 2014を改変。

図7-3　最新の記録装置NinjaScanSlim
重さ14 gで、GPSによる位置情報（5 Hz）、3軸加速度・3軸角速度・3軸地磁気（100 Hz）、温度・気圧（3 Hz）を記録できる。JAXAの成岡優さんが作製してくれた。

図 7-4　動物たちを使った海洋・気象観測システム
木下千尋作画。

観測してくれるというメリットがある。そんな鳥を使った海洋観測システムができれば、漁業者やマリンレジャーを楽しむ人たちにとって重要な海の天気予報の精度向上に大きく貢献できる（図7－4）。

ここに私が書いたような夢物語が実現すれば、漁師もそれ以外の世間の人たちも、バイオロギングで動物の調査をすることの意義を認めてくれるのではなかろうか。野生動物と人間が共存する理想的社会の実現に向けて、バイオロギングは大いに役立つはずだ。

参考文献

Ken Yoda, Kozue Shiomi and Katsufumi Sato. Foraging spots of streaked shearwaters in relation to ocean surface currents as identified using their drift movements. ***Progress in Oceanography*** 122 : 54–64 (2014).

あとがき

このあとがきをボルネオで書いている。東南アジアにある世界で3番目に大きな島だ。熱帯に棲むカブトガニに記録計を付け、行動を計測するために訪れている。

日本では、瀬戸内海に棲むカブトガニに記録計を付けて研究してきた。カブトガニは、東南アジアの熱帯域を中心に、中国や日本の一部の沿岸域に分布する節足動物の一種である。瀬戸内海は分布域の北限、ボルネオはほぼ南限にあたる。２０１５年６月、長崎県で開かれたシンポジウムで私と同様にカブトガニの生態の解明や保全に意欲を持って取り組むマレーシア人の研究者たちと出会い、バイオロギングによる調査を始めることになった。

これまでの調査で、水温が下がる11月から翌年5月まで、瀬戸内海のカブトガニはほとんど動かないことなどがわかってきた。一方、ここ熱帯では水温が下がらず、一年中活動できるはずだ。おそらく大人になるまでの期間や寿命、活動パターンも北と南では違うだろうと予想している。

調査地に選んだのは、ボルネオ東部マレーシア領にある漁村インドラサバ。マングローブ林に面し、水上に建つ家々が並ぶ。潮が満ちると土台の柱が隠れ、村ごと海に浮いているように見える。素朴な暮らしのように見えるが、家の中に入れば必要な道具は一通りそろっている。各戸に電気や水道があり、テレビや扇風機を使っている。漁の後は、カラオケでにぎやかに盛り上がる。

調査を手伝ってくれた20代の漁師ジェフは、日本人に会うのは初めてという。しかし、彼の家の壁にはSEIKOの時計がかかり、日本の漫画キャラクターの落書きがあった。ドアには黒いペンキで大きく「X JAPAN」と書かれていた。「×日本」ではなく、もちろん日本のロックバンドの名前だ。日本の製品や文化が、ボルネオの小さな漁村にまで浸透していることに驚いた。

今回カブトガニに付けた記録計には、現地の研究者の連絡先が書いてある。放流したカブトガニを地元の漁師がたまたま捕獲し、連絡してくれるのを気長に待つ。再捕獲するまで半年はかかるだろうと予想していた。しかし、7日間のボルネオ滞在中に再捕獲の連絡が2回もあった。今後も多くの記録計が回収されることを期待している。

マレー半島やタイなどでは、カブトガニを食べる文化があるが、ボルネオでは食べない。日本でも食されることはなく、役に立たないカブトガニは、あまり見向きされることもない。多くの生息地で環境の悪化や干拓によって、ひっそりと姿を消してきた。マレーシアでも、カブトガニに興味を持つ者は少ないそうだ。

大切な網を破ることもあるカブトガニは、漁師にとっては厄介な存在のはずだ。しかし、研究への熱意を理解してくれた漁師のジェフは、カブトガニの捕獲や計測の調査に快く協力してくれる。日頃から接しているだけに、我々研究者よりはるかに扱いが上手い。「ベランガス～（マレーシア語でカブトガニのこと）、ベランガス～」と即興の歌を陽気に歌いながら、網にかかったカブトガニを次々と引き上げていく。ボルネオの海でカブトガニは何を求めて生きているのだろうか。将来明らかになることを現地の研究者とともに期待したい。そして研究の成果が、協力してくれた漁師たちの役に立つことを願っている。

第一回国際バイオロギングシンポジウムが東京で開催された2003年以降、日本で生まれたバイオロギングは、世界の研究者の間でじわじわと広がってきた。今後は、ボルネオのカブトガニ研究のように、同じ興味と熱意を持った研究者がつながり、さまざまな動物、地域、目的でバイオロギング研究が急速に進むことだろう。

バイオロギングになじみがない方は、何やら機械を付けられた動物の姿を奇異に感じていたはずだ。本書を読み終えた後、いくらか好意的に見ていただけるようになれば幸いである。そして例えば7章で佐藤さんが記しているように、何らかの形で我々の研究成果が広く役立つことを願っている。夢物語を実現させるためには、本書のような発表の場を通じてバイオロギング研究の持つ面白さを多くの人に伝えていくことが重要なのだろう。

見向きもされてこなかった動物に張り付いた記録計の情報に、多くの人々が興味を持ってくれる世界は、私には実に愉快な未来に思える。まずは近い将来、機械を付けたベランガスが、JAPAN文化のひとつとして、ボルネオの漁師たちの生活に浸透していく様子をぜひ見たい。

2015年9月

渡辺伸一

キヤノン財団ライブラリー

野生動物は何を見ているのか
――バイオロギング奮闘記

二〇一五年一二月一五日　発行

著作者　佐藤克文・青木かがり　
　　　　中村乙水・渡辺伸一

出版協力　一般財団法人 キヤノン財団

発行所　丸善プラネット株式会社
〒一〇一-〇〇五一
東京都千代田区神田神保町二-一七
電話（〇三）三五一二-八五一六
http://planet.maruzen.co.jp/

発売所　丸善出版株式会社
〒一〇一-〇〇五一
東京都千代田区神田神保町二-一七
電話（〇三）三五一二-三二五六
http://pub.maruzen.co.jp/

組版　株式会社 明昌堂
印刷・製本　富士美術印刷株式会社
ISBN 978-4-86345-270-1 C0345

一般財団法人 キヤノン財団

キヤノンは、「国産の高級カメラをつくろう」という大きな志を抱いた若者により１９３７年に企業としての歩みを始めました。その進取の気性の精神は今日まで受け継がれ、技術で人類の幸福に貢献し続ける企業を目指して発展してまいりました。

キヤノンはこれまでも、人々の生活を豊かにする製品やサービスを提供するとともに、さまざまな分野で社会・文化支援活動を展開してまいりました。この度、これらの活動に加えて、より一層社会に対し恩返しをしたいという強い気持ちから、創業70周年を記念し、キヤノン財団を設立することといたしました。

現在、情報通信を始めとする技術革新により、急速な経済のグローバル化、情報のネットワーク化が実現され、我々の生活はこれまでになく豊かになりました。しかし、その一方で、環境問題、資源問題など、国・地域の境界を越えた人類共通の深刻な課題に直面しています。

これら諸問題の解決には、国家レベルの対応のみならず、人類が幅広く英知を結集し、多面的な取り組みを行い、積極的にその役割を担うことが重要です。とりわけ、科学技術には、人類が直面する諸問題の解決に大きく寄与することが求められています。

キヤノン財団は、時代の要請に従い、科学技術をはじめとするさまざまな学術および文化の研究、事業、教育を行う団体・個人に対し幅広い支援を行い、人類社会の持続的な繁栄と人類の幸福に貢献していきたいと念じております。

２００８年12月１日

設立者
キヤノン株式会社　代表取締役会長
御手洗　冨士夫

（設立趣意書より）